KB125314

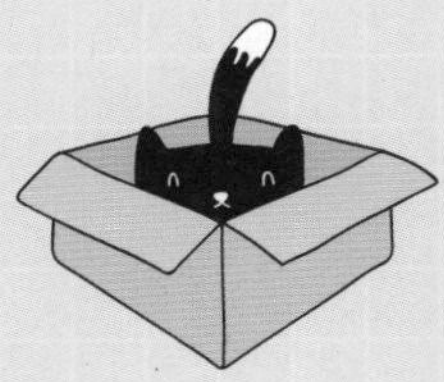

내 고양이 오래 살게 하는 50가지 방법

NEKO WO NAGAIKISASERU 50 NO HIKETSU

내 고양이 오래 살게 하는 50가지 방법

초판 1쇄 발행일 2009년 11월 20일
개정 1쇄 발행일 2019년 10월 1일

글 카토 요시코 그림 마나카 치히로
옮긴이 강현정 번역감수 하니종합동물병원
펴낸이 김지영 펴낸곳 지브레인Gbrain
편집 김현주
마케팅 조명구 제작 김동영

출판등록 2001년 7월 3일 제2005-000022호
주소 04021 서울시 마포구 월드컵로7길 88 2층
전화 (02)2648-7224 팩스 (02)2654-7696

ISBN 978-89-5979-624-3(13490)

- 책값은 뒷표지에 있습니다.
- 잘못된 책은 교환해 드립니다.
- 해든아침은 지브레인의 취미 · 실용 전문 브랜드입니다.

표지 · 면지 이미지 www.freepik.com

내 고양이 오래 살게 하는 50가지 방법

카토 요시코 지음 | 강현정 옮김 | 하니종합동물병원 질병감수

나는 밖에서 방목하는 것보다 집안에서 키우는 것이 고양이를 더 행복하게 해줄 수 있다고 믿는다. 고양이를 집에서 키우면 사고나 질병의 위협으로부터 지킬 수 있을 뿐만 아니라 유대감 또한 강해지기 때문이다. 그 강한 유대감은 생활의 축이 되어 고양이의 삶을 보다 풍요롭게 해줄 것이다.

사실 나는 오랫동안 고양이를 방목해 키웠었다. 어려서는 으레 밖에서 키우는 게 당연했기 때문에, 어른이 되어서는 마당에 들어온 길고양이가 그대로 눌러앉은 형태였기 때문에 그럴 수밖에 없었다. 시대가 변해 집안에서 키우는 사람들이 생기고 있었지만 내 경우는 어쩔 수 없다고 생각했다. 하지만 집 주변의 교통량이 증가하면서 사고가 나지는 않을지 걱정이 되어 매일밤 고양이가 무사히 돌아올 때까지 안절부절못했다.

집안에 들이려고 몇 차례 시도했지만 집 주변을 영역으로 하는 고양이의 행동범위를 좁히기란 여간 힘든 일이 아니었다. 그래서 '언젠가 사고가 날지도 모르니 각오는 하자'고 생각했고 실제로 마음의 준비도 되어 있었다. 하지만 그 우려가 현실이 되었을 때, 방금 전까지만 해도 신나게 뛰어놀던 고양이가 갑자기 움직이지 않는 시체가 됐다는 현실은 각오 따위로 받아들일 수 있는 것이 아니었다.

마당에서 고양이의 모습이 사라졌을 때 이런 생각이 들었다. 나는 진심으로 고양이를 집안에 들이고 싶었던 것일까? 내가 했던 몇 차례의 시도는, '이 고양이들에게는 무리야'라고 스스로에게 변명하기 위해서가 아니었을까? 고양이를 집안에서 키운 적이 없었던 내 마음 속 깊은 곳에서는 사실 실내사육에 대한 거부감이 있었던 것은 아니었을까? 밖에서 사는 고양이를 집안으로 들이는 것은 분명 어려운 일이다. 하지만 속으로는 '이대로가 좋다'고, '고양이란 이렇게 밖에서 사는 동물'이라는 생각도 있었던 것 같다.

다시 고양이를 키워야만 될 것 같았다. 이번에는 집안에서 키워야 했다. 그래야만 속죄가 되고 떠나간 고양이들도 편히 쉴 수 있을 것 같았다. 그런 마음으로 동물병원에 보호되어 있던 고양이를 데려와 집에서 키우기 시작한 지 벌써 15년이 지났다.

지금 나는 '집에서 키워도 고양이는 행복하다'가 아니라 '집에서 키우는 고양이가 더 행복하다'고 자신한다. 내 고양이들이 행복하게 나이들어가고 있다고 확신하기 때문이다.

다만 한 가지, 집에서 살며 행복하게 나이든 고양이는 노령으로 인한 문제가 생긴다. 노화현상, 늙은 고양이가 앓는 질병, 쇠약, 그리고 죽음……. 반려인은 그것을 마지막 순간까지 지켜보게 된다. 대부분의 방목고양이들을 사고사로 떠나보내는 것과는 다른 고양이와의 삶이다. 지금 우리 집의 17세 고양이도 노화현상과 질병을 겪고 있다.

반려인들은 고양이가 오래 살아주기 바라지만 오래 사는 고양이가 죽을 때까지 건강하게 산다는 보장은 없다. 질병과 사투를 벌이다 보면 젊은 시절의 아름다운 자태는 사라질 수도 있다. 그렇기에 마지막 순간까지 사랑해줄 수 있는 강한 심장이 필요하다. '고양이를 건강하게 오래 살게 하는 방법'은 '어떤 상황이 닥치더라도 계속 사랑해줄 것'과 한 세트일 수밖에 없다. 그래서 이 책이 어떤 상황에 직면하더라도 마지막 순간까지 계속 사랑하는 데 도움이 되기를 간절히 소망한다.

내가 키운 마지막 방목고양이는 행방불명 상태이다. 아무리 찾아다녀도 찾을 수 없었기 때문에 차라리 죽었다고 생각하고 싶었다. 살아 있으면 어딘가에서 나를 찾고 있을 것만 같아 견디기 힘들었다. 매일매일 사체라도 찾고 싶어 헤맸지만 시간이 지나 결국 수색을 포기했을 때, 곁에서 죽어가는 반려동물이 반려인에게는 얼마나 고마운 존재이며 행복한 일인지 비로소 깨달았다.

어떤 상황이 오더라도 사랑해줄 수 있고 마지막 순간까지 간병해줄 수 있는 행복을 나는 지금 누리고 있다. 지금 내 곁에서 잠든 늙은 고양이들을 위해 마지막 순간까지 최선을 다할 것이다. 그렇기에 고양이와의 하루하루가 무척이나 소중하다.

CONTENTS

내 고양이의 쾌적한 생활을 위한 방법 53

3장 내 고양이와 풍요로운 유대관계를 맺는 방법 125

내 고양이 병에 걸리지 않게 하는 방법 177

1장

내 고양이와 좋은 관계를 형성하는 방법

이 장에서는 고양이와 즐겁고 건강하게 살기 위해서 중요한,
고양이의 행동이나 심리를 이해하는 방법을 소개한다.
고양이의 개성을 인정하고
고양이에게 금지시켜서는 안 되는 것 등을 살펴보자.

01 고양이와 사람은 가치관이 다르다

반려동물의 대표주자인 개와 고양이. 이들은 오랜 시간 인류와 함께 해왔지만 고유의 속성과 성격이 전혀 다른 동물이다.

무리생활을 하는 개는 무리 안에서 서열을 만들고, 그 상하관계 안에서 살아간다. 따라서 사람과 사는 개는 반려인의 가족을 자신의 무리로 인식하고 멤버로 받아들여 상하관계를 만든다. 즉 개가 반려인을 따르는 것은 반려인을 무리의 리더로 인식하기 때문이다.

그에 반해 단독생활을 하는 고양이는 무리도 리더도 만들지 않는다. 서열을 따른다든지 무리에 맞춘다는 인식도 없고 당연히 반려인이라는 개념도 없다. 고양이가 제멋대로인 것처럼 보이는 이유가 바로 거기에 있다. 이런 나 홀로 고양이들은 협조성이 없다, 나의 길을 가련다, 변덕쟁이, 눈치 없다 등의 심한 비난마저 듣는다. 하지만 선조 대대로 그렇게 살아온 고양이에게 그것은 고유의 생존방식이며 그들만의 아이덴티티이다.

개와 마찬가지로 집단생활을 하는 인간의 입장에서는 개를 더 이해하기 쉬울 수밖에 없다. 때문에 사람의 기준을 고양이에게 적용하는 것은 아무런 의미가 없다. 고양이를 이해하기 위해서는 그들이 사람이나 개와는 다른 가치관을 가졌다는 사실을 받아들여야 한다.

각 동물의 종이 가진 독특한 가치관을 이해할 수 있는 것은 인간뿐이다. 그 놀라운 능력을 발휘한다면 훌륭한 이해자가 되어 깊은 유대감 형성과 풍요로운 교제가 가능해질 것이다.

고양이와 개의 가치관은 서로 다르다

고양이의 가치관

- 내가 정의
- 내 몸은 내가 지킨다
- 단독으로 행동하는 것이 당연
- 싫은 건 절대 싫어

개의 가치관

- 반려인이 정의
- 반려인의 가족을 지키고 싶다
- 반려인과 함께 행동하고 싶다
- 싫은 일이라도 반려인의 명령이라면 참는다

고양이는 왜 사람을 따를까?

그렇다면 단독생활을 하고 동료의식과는 거리가 먼 고양이가 어째서 사람을 따르는 것일까? 왜 사람에게 어리광부리고 한 이불을 덮고 베개를 나란히 베고 함께 자려는 것일까?

그것은 사람이 키우는 고양이는 나이를 먹어도 죽을 때까지 새끼고양이의 정신 상태이기 때문이다.

야생의 새끼고양이는 어미의 보살핌 속에서 어리광부리고 함께 태어난 형제고양이들과 즐겁게 장난치며 성장하던 어느 날 갑자기 쫓겨난다. 함께 살고 싶어도 어미의 철저한 외면에 낑낑 울면서 어미 곁을 떠날 수밖에 없는 상황이 되는 것이다. 독립한 새끼고양이들은 이 생이별을 계기로 어른고양이의 마음을 갖게 되고 자신만의 영역을 만들어 단독생활을 시작한다.

하지만 반려인은 어미고양이처럼 사랑해주고 보살펴주며 결코 쫓아내지 않는다. 그래서 나이를 먹더라도 새끼고양이의 정신 상태가 지속되는데, 이것은 어른의 마음을 갖게 될 계기, 즉 단독생활을 시작할 기회가 없다는 뜻이기도 하다. 만약 키우는 고양이가 진짜 어른고양이의 마음을 갖게 된다면 사람과 사이좋게 살기는 힘들 것이다.

고양이와 사람 사이는 유사부모 혹은 유사형제 관계에 있기에 교류가 가능하고 영원한 새끼고양이이기에 애정도 나눌 수 있는 것이다. 항상 엄마 곁에서 살고 싶어 하는 고양이들은 죽을 때까지 반려인에게 어리광부리고 놀이를 즐기면서 살 수 있으니 잘된 일이다.

사람이 키우는 고양이는 평생 새끼고양이의 마음을 가지고 있다

야생 고양이는 부모와 헤어져야 한다.
이때 새끼는 어른으로 성장한다.

반려인은 고양이를 쫓아내지 않고
끝까지 어미고양이처럼 보살펴 준다.

때문에 고양이는 언제까지라도 새끼고양이
상태로 지내며 반려인에게 어리광부린다.

사람과 고양이는 '부모자식 사이'

사람과 개는 리더와 무리의 멤버.
그것이 고양이와 개의 큰 차이.

02 고양이는 십묘십색이다

고양이에게는 고양이의, 개에게는 개 고유의 성격이 있다고 했는데 그렇다면 고양이는 모두 다 똑같은 성격일까? 설마 그럴 리가! 사람마다 성격 차이가 있듯이 고양이도 개성이 있고 성격이 모두 제각각이다. 이른바 십묘십색[十猫十色].

캣푸드가 보급될 때까지 고양이들은 직접 사냥을 했다. 사람의 손을 타면서 얻어먹게 된 잔반으로는 완벽한 육식동물인 고양이의 영양소를 채울 수 없었기 때문이다. 방목이 당연했던 그 시절 고양이들은 쥐나 작은 새, 벌레 등을 잡아 부족한 영양소를 채우며 자활[自活]했다. 필연적으로 사냥능력이 떨어지는 고양이는 살아남기도 힘들고 자손을 남길 기회도 적었다. 즉 사냥이 서툴고 야생성이 적은 고양이의 유전자는 줄어들 수밖에 없는 구조였다. 그래서 옛날에는 대부분 사냥에 능숙하고 야생성이 뛰어났을 것이고, '고양이답지 않은' 특이한 고양이는 얼마 되지 않았을 것이다.

그런데 1970년대부터 활성화된 캣푸드의 보급 덕분에 고양이들은 사냥을 할 필요가 없어졌다. 즉 야생성이 처지는 고양이도 살아남을 가능성이 생겼고 자손을 남길 수 있게 된 것이다. 그러자 고양이들은 야생성과는 다른 특이한 성격의 유전자를 남기기 시작했고 그것은 지금 제각각 다양한 개성으로 발휘되고 있다. 때문에 '고양이인데 ○○하다'라는 표현은 더 이상 통하지 않는다. 고양이들은 그 본성을 바탕으로 앞으로도 점점 더 다양하고 특이한 성격을 발휘할 것이다.

십묘십색, 다양한 성격의 고양이가 있다

상대를 가리지 않고 애교를 부리는 고양이도 있는가 하면, 반려인 외에는 절대로 애교 부리려 하지 않는 고양이도 있다.

옛날에는 이런 행동을 하면 즉시 도망갔다.

낯선 곳에 데려가도 아무렇지 않은 고양이란 예전에는 생각도 할 수 없었다.

'손'을 하는 고양이.
옛날에는 시도하는 사람조차 없었다.

안심하기 때문에 드러나는 풍부한 개성

고양이가 발휘하는 특이한 성격은 비단 유전 때문만은 아니다. 사람과의 거리가 물리적으로나 정신적으로 가까워진 데에서도 원인을 찾아볼 수 있다. 즉 옛날처럼 마당이 넓은 주택의 감소, 핵가족화나 독립생활의 증가, 실내사육 비율의 증가 등이 그 배경에 있는 것이다.

어찌됐든 지금 고양이들은 항상 사람의 시선이 닿는 곳에 있으면서 아무 때나 말을 걸어오기도 하고 안기기도 한다. 사랑해주고 아껴주는 반려인이 있기에 안심하고 살면서, 그 정신적인 안정과 여유를 바탕으로 풍부한 개성을 유감없이 드러낸다.

거실 한가운데서 마음 편히 대[大]자로 뻗어 낮잠을 자는 고양이를 방해된다고 생각하는 반려인은 없을 것이다. 오히려 귀엽다고 생각하고, '그대로 자도 돼!' 하면서 좀 더 편히 잘 수 있도록 주변을 정리해줄 것이다. 자칫하면 걷어 채일지도 모를 장소에서 낮잠 잘 생각 같은 건 아예 하지도 않았던 예전 고양이와는 달리 현대의 고양이는 경계심 제로 상태! 이처럼 경계하는 데 쓰이던 신경을 다른 분야에 사용하기에 특별한 능력을 발휘할 수 있는 게 아닐까?

고양이가 '냐아' 울면, 반려인은 '왜 그러니?' 돌아보고, '그게 하고 싶어?' '이렇게 해줄까?'하고 묻는다. 요구에 따라 울음소리를 다르게 하면 반려인은 '알맞게' 반응하는 것을 배우고 고양이는 어떻게 행동해야 반려인을 요구대로 부릴 수 있는지 차츰 알게 된다.

이렇게 그들은 애정을 듬뿍 받으며 점점 더 특별한 고양이로 진화해가고 있다.

애정을 듬뿍 받으면서 고양이는 점점 진화한다

경계심 제로상태로 낮잠.

경계하는 데 쓰던 신경을 다른 분야에 사용하고 있다.
즉…….

요구에 따라 울음소리를 다르게 하면 반려인은 '알맞게' 반응하는 것을 배운다.
그리하여 현대의 고양이는 점점 더 특별한 고양이로 진화.

03 고양이를 키우는 데 얼마나 들까?

고양이를 키우는 데 드는 최소한의 필요 금액은 얼마일까? 매우 민감한 사안이지만 고양이를 키우는 데 돈이 얼마나 필요할지 계산해볼 생각이 없다면 키울 자격이 없다고 단언할 수 있다.

일단은 매일 먹는 사료값과 화장실 모래값이 당장 필요한데 1일 소요 비용×365일×고양이의 수명만큼의 비용이 든다. 고양이들의 수명은 보통 15년 전후이고, 20년 이상 사는 고양이도 적지 않다. 한 마리당 하루 850원이 든다고 가정하면, 1년이면 310,250원, 10년이면 3,102,500원, 20년이면 6,205,000원이다.

거기에 중성화 수술비도 필요하고 병에 걸리거나 다칠 수도 있다. 또한 나이가 들면 대부분 병원 신세를 지게 되는데 동물병원은 사람이 다니는 병원보다 병원비가 비싸다. 그밖에 화장실이나 스크래처, 목걸이 등의 소모품도 필요하다. 고양이를 평생 키우려면 이런 지출을 각오해야 하지만 고양이로 인해 맛보는 행복과 만족감은 무엇과도 바꿀 수 없을 것이다.

도중에 '이런 건 예상하지 못했는데……' 하며 키우기를 포기하고 버리는 사람이 있는데 인간의 애정을 가르친 후 버리는 것만큼 비인간적이고 잔혹하며 몰지각한 짓은 없다. 이런 일들을 미연에 방지하기 위해서 고양이를 키우는 데 어느 정도의 비용이 필요할지 미리 생각하라는 것이다. 그렇다면 처음부터 평생 책임지겠다는 각오로 고양이를 위한 저축을 생각해보는 게 어떨까?

고양이는 스쳐지나가는 통장?!

1묘 소요 비용

사료값, 화장실 모래값 등
매일 들어가는 비용×
365×고양이의 수명만큼.

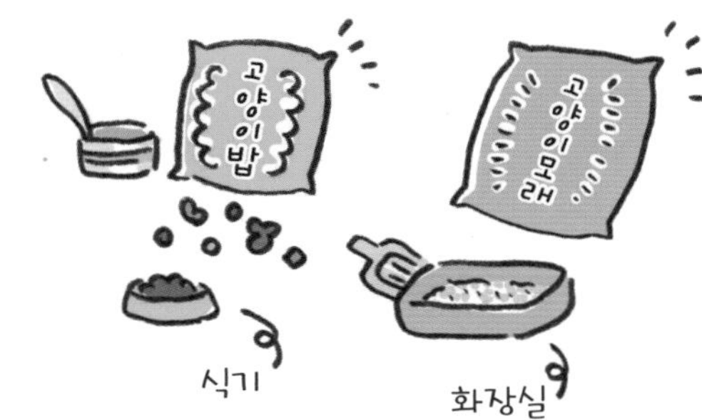

캣타워도 있으면 좋을 듯

그 밖에 필요한 비용

병원비, 중성화 수술,
해마다 드는 예방접종,
병에 걸리거나 다치기도 한다.

고양이 전용 통장을
만들자.

만약을 대비해 저축을 하자

고양이를 키우는 데 돈이 얼마나 드는지도 알고 마지막 순간까지 보살펴 줄 각오가 충분히 섰다 해도 생각할 것이 한 가지 더 있다. 반려인이 먼저 죽고 고양이들만 남겨지게 됐을 때의 상황이다. 특히 혼자 살면서 고양이를 키우는 경우라면 반드시 생각해야 할 일이다.

'아직 젊은데, 그런 생각을 하다니……' 하는 사람도 있겠지만 그야말로 인생은 예측불허. 고양이가 길거리를 헤매는 일이 없도록 돌다리도 두드려보고 건너자.

가장 좋은 방법은 믿을 수 있는 '고양이 친구들'을 만드는 것인데, 서로 '무슨 일이 생긴다면 맡아준다'는 약속이 있다면 안심할 수 있을 것이다. 너무 앞서 나가는 얘기일 수도 있지만 유산 양도에 대해 생각해 보는 것은 어떨까 한다.

친구도 없고 만들 생각도 없다면 사후에 반려동물을 맡아 쾌적한 환경에서 키워줄 만한 단체를 찾아본다. 규정요금이 필요한 단체도 있고 기부를 받아 활동하는 자원봉사 단체도 있다. 그러니 조건이나 기타 요소들을 따져본 후 비상 시 연락처를 알아둔다.

친구에게 위탁하든 단체에 맡기든 어찌됐든 돈이 드는 게 현실이다. 그렇다면 고양이를 키우기 시작할 때부터 고양이를 위해 따로 돈을 모으는 것이 바람직하다. 법적으로 고양이 명의의 통장을 만들 수는 없지만 마음만이라도 고양이 통장으로 찜해둘 수는 있을 것이다. 하지만 무엇보다 중요한 것은 '고양이보다 절대로 먼저 죽지 않겠다'는 각오이다. 그것이 고양이의 일생에 책임을 진다는 뜻이다.

돈이 전부라고는 하고 싶지 않지만…

고양이와 행복해지려면
돈이 필요하다.

고양이를 위해 쓸 수 있는 **통장**을 만들자.
나중 일도 생각해두자. 그것이 반려인의 책임이니까!

04 고양이를 집에서 키울 때의 장점은?

'고양이를 집안에서만 키우는 건 불쌍하다'고 생각하는 사람이 적지 않은데 이것은 집에서 키우는 자체를 가둬둔다고 인식하기 때문이다.

하지만 이제 고양이를 밖에서 키우는 것은 시대에 뒤떨어지는 일이 되었다. 방목을 당연하게 여기던 옛날에는 골칫거리인 쥐를 잡아주는 역할을 했지만, 지금 고양이는 당당한 가족의 일원이 됐기 때문이다. 그렇다면 반려인은 고양이의 안전을 최우선으로 해야 하지 않을까? 교통법규도 모르는 고양이를 밖에 내놓고 키우는 것이 더 무책임해 보인다.

고양이는 원래 넓은 범위를 돌아다니고 싶어 하지도 않고 움직일 필요가 없으면 움직이려고도 하지 않는 동물이다. 쥐를 잡을 필요가 없어진 요즘 방목고양이들은 반려인의 집에서 먹이를 먹고 밖에 있는 화장실이나 낮잠 장소를 돌아다니는 것일 뿐 결코 산책을 즐기는 것이 아니다. 쾌적한 화장실과 낮잠 장소가 집안에 있다면 굳이 나가려 하지 않을 것이다. 그렇게 본다면 집안에서 사는 고양이는 불쌍하기는커녕 최고 호화로운 생활을 하고 있는 셈이다.

방목고양이는 사고의 위험뿐만 아니라 남의 집에 피해를 줄 가능성 또한 크다. 내 고양이가 이웃에 불편을 끼치고 그로 인해 눈엣가시 취급당한다면 속상하지 않을까? 고양이는 사랑받기에 행복하고 고양이가 행복하기에 반려인도 행복해진다. 그러니 '고양이는 집안에서 키우는 게 당연'하고 그것이 21세기의 상식이다.

고양이를 방목할 이유는 없다

방목고양이는 집과 화장실과 낮잠 장소 사이를 이동하는 것뿐.

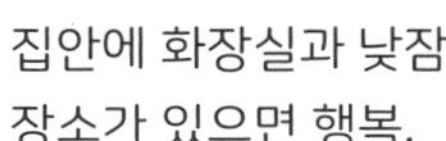

집안에 화장실과 낮잠 장소가 있으면 행복.

교통법규를 모르는 고양이에게 사고가 나는 것은 당연하다.

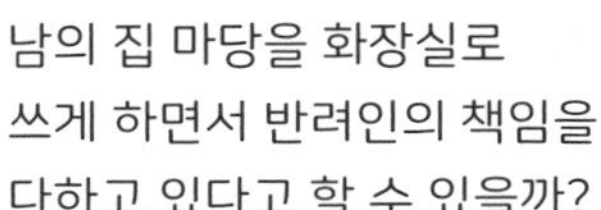

남의 집 마당을 화장실로 쓰게 하면서 반려인의 책임을 다하고 있다고 할 수 있을까?

방목고양이를 집에 들일 방법은 없을까?

집안에서 키우는 게 좋은 줄은 알지만 밖에 살던 길고양이라 나가고 싶어 한다. 혹은 이미 외출고양이로 키우고 있어 안 내보내주면 하루 종일 울어댄다. 이런 경우 '어떻게 하면 집안에서 키울 수 있을까?' 고민하는 사람도 있는데 물론 방법은 있다. 그러나 조건도 있다.

가장 확실한 방법은 이사다. 근처로 이사하는 경우에는 통하지 않지만 멀리 이사 간다면 그날로 당장 집고양이로 바꿀 수 있다. 간단하다. 이사한 새 집에서는 밖에 내보내지 않으면 된다. 이 방법은 고양이의 영역 감각을 이용하는 것인데 이렇게 하면 어떤 고양이라도 힘들이지 않고 집고양이로 바꿀 수 있다.

이사 계획이 없다면 병에 걸리거나 다쳐서 입원했을 때를 이용하는 방법이 있다. 하지만 어린 고양이들은 건강해지면 대부분 다시 옛날처럼 밖으로 나가고 싶어 하므로 이 방법은 어린 고양이보다는 고령의 고양이에게 성공 확률이 높다.

그러나 어떤 방법으로도 집고양이로 바꿀 수 없다면 평생 방목 상태로 돌아다니게 할 수밖에 없는데, 이때는 언젠가 사고를 당해 갑자기 무지개다리를 건널지도 모른다는 각오가 필요하다.

물론 아무리 울고 떼써도 절대로 내보내지 않는다면 끝내 집고양이로 만들 수는 있겠지만 과연 사랑하는 고양이의 그런 모습을 지켜볼 수 있을까? 아무리 고양이를 위해서라고 해도 고양이가 괴로워하는 모습을 차마 볼 수 없는 것이 반려인의 마음이다. 그러니 무난하게 집고양이로 바꿀 수 있는 절호의 기회가 생긴다면 절대로 놓치지 말자!

이사를 통해 영역을 리셋한다

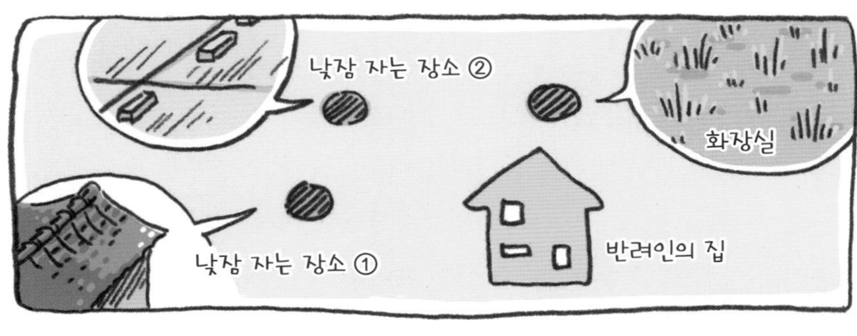

잠자리가 영역의 중심, 중심부터 서서히 영역을 넓혀간다.
밖에 내보내지 않으면 새로운 영역은 집안으로 한정된다.

05 중성화 수술은 필요한가?

고양이는 보통 생후 1년이면 성적으로 성숙해지는데, 최근에는 생후 4~5개월 만에 성숙해지는 고양이도 보인다.

성숙해진 암컷에게는 정기적으로 발정기가 찾아온다. 발정한 암컷은 페로몬을 발산하고, 그 페로몬을 맡은 성숙한 수컷 역시 덩달아 발정한다. 페로몬의 확산 범위는 상당히 넓어서 집안에서 키우는 수컷도 밖에서 풍겨오는 암컷의 페로몬 향에 반응할 정도이다. 그래서 중성화 수술을 시키지 않으면 발정기가 찾아올 때마다 온 동네 고양이들이 서로 이성을 찾느라 시끄러워진다. 또한 외출고양이는 며칠씩 돌아오지 않거나 집고양이는 어떻게든 밖으로 나가려 한다. 이처럼 고양이들이 침식을 잊고 번식활동에 몰두하는 것이 바로 발정기이다. 그리고 임신기간인 두 달이 지나면 동네는 새끼고양이로 가득 차게 된다.

이것이 행복한 삶일까? 태어난 새끼고양이들은 어떻게 되는 것일까? '내 고양이가 낳은 새끼들은 책임지겠다'는 사람도 있겠지만, 현재 고양이는 1년에 3~4회의 발정기를 맞이하고, 한 번에 3~5마리의 새끼를 낳는다. 또 수컷은 출산은 하지 않아도 어딘가에서 계속 태어난다. 이 과정이 해마다 반복되는 것과 함께 고양이의 수명은 평균 15년 전후. 정말 모두 책임질 수 있을까?

그런 만큼 고양이를 키우는 바로 그 순간부터 필요한 것이 바로 출산계획이다. 새끼를 볼 생각이 없다면 중성화 수술을 시켜야 한다. 그것이 무책임하게 길고양이의 수를 늘리지 않기 위해서 가장 먼저 할 일이다.

고양이의 발정기

최대발정기는 이른 봄. 그 다음으로는 가을. 그 사이사이 작은 발정기가 찾아온다. 고로 중성화 수술을 하지 않는다면…

9마리 중 4마리가 암컷이라고 치면 어미와 새끼를 포함해서…

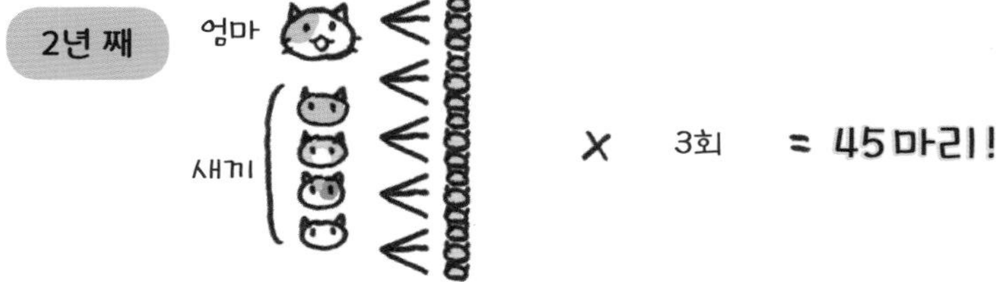

45마리 중 20마리가 암컷이라고 가정하면 3대째에는…

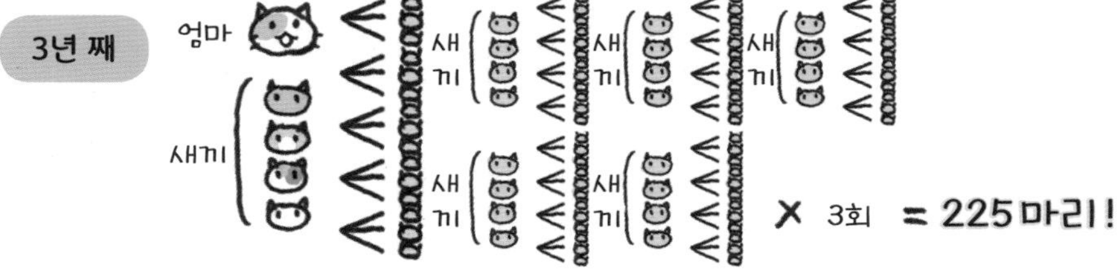

1마리가 3년만에 225마리가 된다는 계산!!

번식제한은 반드시 필요하며, 방법은 중성화 수술뿐이다.

중성화 수술은 '자연을 거스르는 일'이 아니다

'인간의 편의를 위해 고양이에게 중성화 수술을 하는 것은 이기적이다' '동물은 자연스럽게 사는 게 제일 좋은 건데, 번식 제한은 자연을 거스르는 일이다'라는 의견도 있다.

하지만 사람의 손을 탄 고양이는 가축이 되어 사람과 함께 살아간다. 인간이 '자연'을 떠나 살고 있듯이 고양이도 자연을 떠나 살고 있으니 이미 야생동물의 범주에서 벗어나 있다는 것이다.

야생동물은 발정 횟수도 적고, 교미를 해도 무사히 임신 · 출산할 확률이 낮다. 또 새끼가 태어난다 하더라도 충분한 먹이공급이 이루어지지 않고 천적 때문에 무사히 어른이 되는 숫자도 얼마 되지 않는다. 이것이 야생동물의 삶이다. 이렇게 자손을 남기기 쉽지 않은 야생동물은 먹이가 풍부하고 영양상태가 좋을 때 가능한 새끼를 낳으려는 본능이 있다. 그리고 한때 그런 삶을 살다 지금은 가축이 된 현대의 고양이들에게도 그 본능은 남아 있다. 게다가 1년 내내 충분한 먹이를 공급받고 있으니 '바로 지금이야!'라는 듯이 번식행동을 한다. 영양상태가 좋으니 야생상태와는 비교할 수 없는 숫자의 새끼가 태어난다. 이런 상황이 더 부자연스러운 게 아닐까?

우리 인간의 삶의 방식이나 가치관이 시대를 거치며 변화하듯이, 고양이의 삶의 방식도 변해간다. 인간과 고양이가 행복하게 사는 방법이 시대와 함께 변해가는 것이다. 때문에 달라진 삶의 방식에서 중성화 수술이 더 이상 부자연스러운 일은 아닐 것이다.

자연스럽다는 게 뭐지?

만약 고양이가 자연에서 산다면,

겨울에는 먹이가 없다.

태어난 새끼고양이들을 키울 수 없다.

자연계는 가혹하다. 위험도 많다.
인류는 가혹한 자연에 대항하기 위해
문명을 만들기 시작했다.

인간사회는 자연이 아니다.
그 인간사회에서 사는 고양이도
더 이상 자연이 아니다.

자연계와는 다른 삶을 시작한 인간과 고양이.
독자적인 가치관과 생활방식이 있다.
그것을 모색하는 것은 자연스러운 일.

06 중성화 수술의 장점은 무엇일까?

고양이에게는 자신이 수컷이라든지 암컷이라는 인식도 없고 교미와 출산의 인과관계도 이해하지 못한다. 발정하면 본능을 쫓아 이성을 찾아 교미한다. 그리고 암컷은 본능적으로 보금자리를 만들고 출산을 하고 새끼를 키운다. 본능에 주입된 그 지령대로 순순히 따르는 것뿐 논리는 어디에도 존재하지 않는다.

본능이라는 지령이 나오지 않으면 고양이는 아무런 거부감 없이 '지령이 없는 상태'를 따른다. 성 충동에 관한 지령이 내려오지 않으면 성적행동과는 아무 상관도 없는 것이다. 예를 들어 다른 고양이가 교미하는 장면을 봐도 흥미를 느끼지 못하고 그 행위의 의미조차 이해하지 못한다.

중성화 수술을 한 고양이는 성적으로 성숙하기 전의, 아무것도 모르고 즐겁게 놀던 새끼고양이 상태로 돌아간다. 고양이는 '옛날에 나는 수컷이었지'라는 생각 같은 건 하지도 않고 기억하지도 못 한다. 중성화 수술이 무엇인지 자신이 무슨 일을 당했는지도 모르고 수술을 받았다는 사실조차 금방 잊는다. 그렇다면 중성화 수술이 고양이의 존엄성에 흠집을 내는 행위는 아닐 것이다.

반면 중성화 수술은 번식제한 외에도 고양이가 건강하게 오래 살 수 있는 요인이 되기도 한다. 과거 5년가량이었던 평균수명이 지금은 15년 전후인데, 이렇게 수명이 연장된 이유 중 하나가 중성화 수술의 보급이라는 사실에 주목해야 할 것이다.

중성화 수술을 하지 않은 고양이는 이렇게나 위험!

이성을 찾아 무아지경.
사고를 당할 가능성이 높다.

수컷끼리 싸우다 다치고, 교미 때 물린 상처를 통해 심각한 질병에 감염될 가능성도 있다.

자궁축농증 같은 생식기 질병에 걸릴 가능성뿐만 아니라 노령묘가 되면 유방부종에 걸릴 가능성도 있다.

한밤중에 시끄럽게 울어대면 이웃에서 화를 내는 것도 무리는 아니다.

중성화 수술을 계기로 홈닥터를 정하자

고양이를 행복하게 하려면 수의사와의 연계는 필수적이다. 홈닥터가 있어야 고양이의 건강을 지킬 수 있기 때문이다.

응급상황을 가정한다면 집에서 가까운 동물병원이 좋겠지만, 수의사도 사람인만큼 중요한 것은 서로의 궁합이다. 반려인 입장에서는 '신뢰할 수 있는' 수의사를 선택해야 한다. 오랜 시간 함께하게 될 터이니 2~3군데는 가볼 각오로 찾아보자.

일단 건강진단이나 예방주사(41장 참조)를 맞힐 때 찾아간 병원에서 수의사의 얘기를 듣다가 '여기다!'라는 확신이 들면 중성화 수술에 대해 상담한다. 새끼를 낳게 할 예정이라면 그 사실을 얘기하고, 낳게 할 예정이 없다면 수술 시기를 의논하도록 한다.

조숙한 암컷은 생후 4개월이면 발정하기도 한다는 사실을 염두에 두고 한시라도 빨리 홈닥터를 정하는 것이 좋다. 아직 새끼라고 생각했는데 어느 날 갑자기 뛰쳐나갔다가 돌아오니 임신해 있는 상태라면 행복해야 할 고양이와의 삶은 거리가 멀어진다. 계획 없이 태어난 새끼고양이를 다 키울 수 있다면 몰라도 키울 수 없다면 새 반려인을 찾아줘야 하는데 현실적으로 무척 힘든 일이다.

귀엽다는 이유만으로 고양이를 키울 수는 없다. 고양이와의 행복한 삶을 누리기 위해서는 반려인으로서 잘 관리하고 보호할 각오와 책임감, 계획적인 행동이 무엇보다 중요하다.

고양이의 '사랑의 계절'은 이런 흐름

발정기가 찾아오면 암컷이 먼저 발정하며 몸을 비비적비비적거리고 왠지 안절부절못하며 허리를 건드리면 궁뎅이가 실룩실룩

수컷은 암컷이 풍기는 페로몬에 반응해 발정, 암컷을 찾아 어슬렁어슬렁거린다.

암컷 주변에 많은 수컷이 모여든다. 수컷들은 암컷을 차지하기 위해 결투를 벌인다.

암컷은 그중 한 마리와 교미한다

암컷은 임신하면 발정을 멈춘다. 임신하지 않을 경우 약 일주일이면 발정이 멈추고, 약 10일 후 또다시 발정. 1회의 발정기(약 1.5개월) 동안 이것을 반복한다.

07 몇 마리까지 함께 키울 수 있을까?

고양이는 원래 성묘가 되면 자기 영역을 만들어 혼자 사는 동물이지만 먹이 경쟁을 할 필요가 없는 풍족한 환경에서는 여러 마리가 함께 살 수도 있다. 또 사람이 키우는 고양이의 정신연령이 새끼고양이 상태에 머물러 있는 것도 공동생활이 가능한 데에 영향을 미친다. 새끼고양이 때는 부모형제들과 함께 집단으로 살기 때문이다.

다수의 고양이를 키우다 보면 한 마리만 키울 때와는 다른 즐거움을 맛볼 수 있다. 그렇다고 몇 마리든 제한 없이 키울 수 있는 것은 아니다. 각 가정의 환경에 따라 키울 수 있는 묘구 수에는 한계가 있다. 그것을 고려하여 몇 마리를 함께 키울지 정해야 한다.

금전적인 조건이나 집의 크기 외에도 간과해서는 안 될 사항은 고양이를 책임지고 돌볼 수 있는 사람이 몇 명인지이다. 매일 보살펴야 하는 항목 외에 사소한 작은 변화도 눈치채고 질병을 조기발견하거나 고양이들끼리 관계가 원만하게끔 배려하려면 한 사람당 2~3마리까지를 한계로 본다. 물론 매일 집에 있으면서 고양이를 돌보는 데 열중할 수 있다거나 개개인의 사육 경험에 따라서도 다르지만, 일을 하면서 고양이를 키우는 경우라면 진지하게 돌보는 사람 한 명당 최대 3마리가 기준이다.

또 ○마리라고 결정했다면 도중에 한 마리씩 늘려가기보다 처음부터 희망하는 묘구 수를 동시에 키우는 것이 좋다. 그렇게 해야 고양이들끼리의 관계가 제대로 형성될 가능성이 높기 때문이다.

묘구 수를 결정하는 조건

금전적인 문제

한 마리×묘구 수의 비용이 필요 (3장 참조).

집의 넓이

상하공간을 이용하므로 바닥 면적과는 상관없지만 한계는 있다.

책임지고 돌봐주는 사람은 몇 명? 혼자서 완벽하게 돌볼 수 있는 것은 2~3마리이다.

지진이나 화재 등 긴급상황에서 데리고 나올 수 있는 숫자를 생각하자.

혼자 있기를 좋아하는 고양이도 있다

새끼고양이는 보통 3~5마리의 다른 형제들과 함께 태어나 어미의 보호하에 성장한다. 생후 10일 전후로 눈과 귀가 뜨이는데 그것은 주변 세계를 인식하기 시작했다는 뜻이다.

고양이의 생후 2주째부터 7주까지를 사회화기라고 칭한다. 이 사회화기는 자신이 사는 세계나 동료를 인식하고 받아들일 수 있는 시기이다. 이때 어떤 경험을 했는지가 고양이의 성격을 결정한다고 해도 과언이 아니다. 풍부한 경험을 한 새끼일수록 대범하고 활발한 고양이로 성장한다.

형제와의 접촉 없이 사회화기를 보낸 새끼고양이는 다른 고양이와 친밀한 관계를 형성하지 못하는 경우가 많다. 고양이를 자신의 동료로 인식하지 못하기 때문이다. 그런 고양이는 이미 고양이가 있는 가정에서 입양한다 해도 고양이들의 관계가 좋아지기는 어렵다. 따라서 다수의 고양이를 키울 생각이라면 새끼 때부터 함께 키우는 것이 좋다. 어떤 새끼 시절을 보냈는지 모를 경우 아무리 첫 만남에 신경을 쓰더라도 기존 고양이와 어떤 관계가 될지는 예측이 불가능하다.

고양이가 반려인을 따르고 마음을 허락하는 것은 사회화기에 사람과 접촉했기 때문이다. 마찬가지로 사회화기에 개나 새들과 함께 자란 고양이는 평생 개와 새를 동료로 여기며 함께 살 수 있다. 다시 말하지만 사람과 고양이, 고양이와 고양이가 사이좋게 사는 데는 사회화기의 경험이 크게 영향을 미친다.

사회화기의 경험은 고양이들의 관계에 영향을 미친다

생후 2주에서 7주 사이에 새끼는 많은 것을 배운다.

그 시기에 접촉한 '동물'을 자신의 동료로 인식한다.

다른 고양이와 접촉했던 경험이 없는 고양이는 고양이를 동료로 인식하지 못한다.

새끼 때부터 함께 키우면 사이좋게 지낼 수 있다.

08 고양이에게 무엇을 요구할 수 있을까?

'사람은 싫지만 동물은 좋다'는 사람이 간혹 있다. 사람이 싫다는 말에는 사람인 자신까지도 싫다는 뜻이 포함되는데, 그렇게 싫어하는 사람인 나의 애정을 소중한 고양이에게 쏟아도 좋은 것일까? 그 애정을 받은 고양이는 과연 행복할까?

이런 사람은 어쩌면 인간사회에 염증을 느끼고 등을 돌린 건지도 모른다. 그런데 사실은 사람에게 주고 싶은 마음을 고양이에게 대신 쏟는 것이라면 고양이에게 실례가 아닐까? 이런 대상행동을 하면 반려인이나 고양이 모두 상처를 받을 수밖에 없다.

또한 '사람은 귀찮지만, 고양이는 편하다'라는 이유로 쏟는 일방통행의 애정도 건강한 사고방식이 아니다. 애정은 일방통행으로는 성립되지 않는다. 상처받은 마음을 고양이에게 치유 받는 것은 좋은 일이지만 거기로 도망치지는 말아야 한다. 건강한 감정으로 고양이를 사랑하면서 치유 받은 마음으로 자신을 직시하고 다른 사람을 사랑하도록 노력하자.

고양이가 사람을 따르고 의지하는 것은 그 사람에게 애정을 가졌기 때문이다. 고양이가 사랑하는 나를, 정작 본인이 사랑하지 못한다면 고양이의 신뢰를 배신하는 것밖에 안 된다. 동물을 키운다는 것은 다른 '생명'을 사랑한다는 뜻인데, 내 생명을 사랑하지 못하는 사람이 과연 고양이의 생명을 사랑할 수 있을까? 그런 병든 애정을 받으며 사는 고양이가 얼마나 행복할 수 있을지…….

고양이를 키운다는 것은 다른 '생명'을 사랑하는 것 

다녀왔어

사랑하는 냥이♥

인간 따위 너무 싫어! ♥

싫다구~♥

그럼 인간인 너 자신도 싫은 거야?

'싫어하는 나'의 애정을 소중한

고양이에게 쏟아부어도 되겠어?

괜찮아

괜찮아

토닥토닥

고양이를 키운다는 것은 다른 생명을

사랑하는 일이야. 자신의 생명을

사랑하지 못하는데 고양이의 생명을

사랑할 수 있다고는 생각할 수 없….

퍽!

퍼억!

잘난

척하지 마!

한밤의 우다다를 말리지 마세요

고양이를 사랑한다는 것은 있는 그대로의 모습을 받아들인다는 뜻이기도 하다. 그런데 만약 고양이 특유의 '한밤의 우다다'를 '성가시니까 그만뒀으면 좋겠는데 그만두게 할 방법은 없는 걸까?' 고민한다면 그 애정은 일방통행이라고 할 수 있다.

고양이는 한밤의 우다다를 하는 생물이다. 그러니 그만두게 할 방법을 고민할 게 아니라 소란함을 감당할 방법이나 함께 즐기는 방법에 대해 생각하는 것이 낫다. 그것이 건강하게 애정을 주고받는 방법이다. 이와 같은 이유 등으로 집에서 고양이를 키우면 사람의 생활패턴은 크게 바뀌게 된다. 그 변화를 받아들이고 즐기는 것이 고양이를 제대로 사랑하는 방법일 것이다.

원래 야행성 동물인 고양이는 밤이 되면 쌩쌩해지는데 가장 에너지가 넘치는 시간대가 밤 10시 이후이다. 외출고양이라면 그 시간에 산책을 나가겠지만 집고양이는 미친 듯이 달린다. 그것이 바로 한밤의 우다다! 참으로 고양이다운 행동이다. 하고 싶은 대로 실컷 하게 해주자.

집고양이는 성장하면서 점점 한밤의 우다다를 하지 않게 된다. 어느새 반려인의 생활패턴에 맞춰 반려인이 잘 때는 함께 자기 시작해서 아침까지 계속 자기 때문이다. 그때 '편해졌다'가 아니라 '한밤의 우다다를 안 하니까 심심해'라고 생각한다면 건전한 애정의 상호작용이 이루어진 것이 아닐까? 인간과는 다른 고양이라는 동물의 삶의 방식과 인간의 삶의 방식을 더해 둘로 나눈 삶이 완성됐다고 할 수 있을 것이다.

한밤의 우다다는 왜 생기는 거지?

고양이는 야행성 동물. 한낮에는 자다가 잠깐잠깐 깬다.
밤에는 깨 있다가 잠깐잠깐 자는 것이 기본 생활패턴.

가장 에너지가 폭발하는 시간대가 새벽녘.
이제는 못참아!! 우다다다——

하지만 고양이는 지속력이 없는 동물.
30분 후에는 지쳐서 잠든다.

09 고양이의 가치관을 인정하자

고양이를 키우는 사람들은 고양이와 인간을 동일시하는 경향이 있다. 반려인을 믿고 어리광부리는 모습이 이성을 잃게 만드는 모양이다. 어쩌면 동일시하는 것을 애정이라고 생각하는 건지도 모른다.

하지만 고양이는 고양이일 뿐 사람이 아니다. 고양이에게는 고양이의 가치관이, 사람에게는 사람의 가치관이 있고 그런 만큼 각자 사물을 받아들이는 방식에 차이가 있다. 이는 고양이를 낮게 봐서가 아니라 '종'이 다른 동물은 모두 각자 다른 가치관을 갖고 있기 때문이다. 예를 들어 고양이가 이불에 오줌을 싸는 행위는 사람으로 치면 어처구니없는 짓이다. 그래서 '못된 짓을 하는 고양이구나' '심술을 부리고 있구나'라는 생각에 화를 내고 야단을 쳐도 고양이에게는 '이불에 쉬아를 하는 게 나쁘다'는 인식이 없기 때문에 나쁜 짓을 했다고도 생각하지 않는다. 오줌에 젖은 이불을 치우는 게 힘들다는 인식도 없으니 그것이 심술이 될 거라고는 상상조차 하지 못한다. 고양이에게는 그 순간 이불에 오줌을 쌀 수밖에 없는 이유가 몇 가지 있었을 뿐이다.

뇨의라는 급박한 욕구를 해소했을 뿐인데 젖은 이불 앞에서 화난 음성을 듣는다면 고양이의 입장에서는 불합리하게 느껴질 것이다.

사람과 고양이의 나쁜 짓과 착한 짓은 기준이 다르다. 야단을 쳐서 반성하고 효과를 보려면 잘못을 저지른 본인이 나쁜 짓을 했다는 사실을 알고 있어야 한다. 나쁜 짓을 했다고 생각하지 않는데 야단을 맞으면 사람이나 고양이나 성격만 비뚤어진다.

고양이의 가치관

볼일을 본 후에는 똥꼬를 '핥아서 깨끗하게' 한다.
사람은 생각할 수 없는 일!

누가 있어도 신경 쓰지 않고 교미. 고양이에게는 비밀스러운 일이 아니다.

사람이 맛있어 한다고 고양이도 맛있어 할 리는 없다.

고양이는 외모의 미추를 따지지 않는다.

고양이는 '가끔 여행 가고 싶어' 하지 않는다

고양이와 인간은 '행복한 삶'에 대한 기준도 서로 다르다. 사람은 취미나 레저 활동으로 비일상을 추구하지만 고양이는 항상 똑같은 생활을 바란다. 사람은 가끔은 멀리 떠나고 싶어 하지만 고양이는 낯선 곳에 가고 싶어 하지 않는다. 어제가 평화로운 하루였다면 오늘도 어제와 똑같이 살고 싶어 한다.

영역동물인 고양이에게 영역이란 익숙하고 안심할 수 있는 공간이다. 영역 안에 있는 한 평온한 마음으로 있을 수 있지만 영역 밖으로 나선 순간 불안과 긴장을 느끼게 된다.

사람은 가끔 적당한 긴장감을 원하지만 고양이는 가능한 긴장하지 않으면서 살고 싶어 하는 동물이다. 그래서 특별한 일이 없는 이상 영역 밖으로 나가려고 하지 않는 고양이가 영역에서 벗어나는 경우는 적에게 쫓겨 도망칠 때나 발정기에 정신없이 이성을 찾아 헤맬 때, 혹은 먹이를 찾아 방황할 수밖에 없는 상황 정도이다.

그런 고양이가 반려인과 함께 여행을 가고 싶어 할 리가 없다. 반려인과 있는 것을 가장 행복하다고 느끼는 개는 반려인과 함께라면 어디든 가고 싶어 한다. 하지만 익숙한 공간에 있는 것을 가장 좋아하는 고양이는 반려인이 집을 비운다 해도 집에 있고 싶어 한다.

고양이의 가치관이 사람과는 다르다는 것을 이해하지 못한다면, 고양이의 가치관을 지켜주고 싶어 하지 않는다면 고양이에게 쾌적하고 행복한 삶을 안겨줄 수 없다. 아무리 고양이와의 유대감이 강하고 서로를 신뢰한다고 해도 고양이는 고양이의 삶을 살아간다는 사실을 인정하자.

고양이는 낯선 곳에 가고 싶어 하지 않는다

그래서 병원에 데려가려고 하면 울어댄다. 병원이 무서운 게 아니다. 안심할 수 있는 집에서 끌려 나가는 게 무서운 것이다.

그 증거로 온천에 간다고 해도 울어댄다.

불안한 나머지 어떻게든 도망치려 한다. 낯선 곳에서 도망치면 미아가 될 수밖에 없다.

10 반려인이 행복하지 못하면 고양이도 행복해질 수 없다

고양이뿐만 아니라 대부분의 동물은 육감이 뛰어나다. 아프리카의 초원에서는 배부른 사자 옆에서 아무렇지도 않게 초식동물이 풀을 뜯는다. 덮칠 생각이 없다는 것을 알기 때문이다. 이처럼 동물의 육감은 인간의 말보다 정확하게 정보를 캐치한다.

반려인이 침착하지 못하면 고양이는 그것을 민감하게 받아들이고 불안해한다. 동물의 육감은 그것을 '정신불안정. 갑자기 공격해올 가능성 있음'으로 판단하기 때문이다. 반려인이 심각한 고민에 빠져 있을 때 고양이는 안절부절못한다. 편하게 쉴 수 있는 안정적인 공기가 흐르지 않는 것을 감지한 것이다. 게다가 어리광부리고 싶은 상대의 기분이 가라앉아 있으면 고양이에게도 그 상태가 전염된다. 상대의 마음에 동조하기 쉬운 어린아이처럼 순수한 마음을 가졌기 때문이다.

그래서 반려인은 항상 행복한 마음을 유지해야 한다. 심난한 일이 있어도 고양이 앞에서는 감정을 바꿔서 일단 모든 것을 잊고 '고양이 모드'로 있는 것이다. 어려운 일 같지만 몇 번 하다 보면 의외로 간단하다. 이것은 인간이기에 발휘할 수 있는 특기인데, 그렇게 하다 보면 결국 반려인도 침울한 기분에서 회복되니 고양이에게 감사할 일이다.

반려인이 명랑하면 고양이도 명랑하다. 명랑한 고양이일수록 자유롭고 활달하게 행동하고 그 행동은 반려인을 웃게도 하고 즐겁게도 만든다. 그것이 바로 행복 아닐까? 반려인이 행복하면 고양이도 행복해지고 고양이가 행복하면 반려인은 더욱 행복해질 것이다.

고양이의 행복은 반려인을 더욱 행복하게 한다

요상한 얼굴 사진관 part. 1
요상한 얼굴이라니 유감이냥….
닮았냥?
뭐야뭐야? 간식이냥?

내 고양이의 쾌적한 생활을 위한 방법

이 장에서는 고양이의 생물적인 특성을 이해하고
쾌적한 식생활과 생활공간을 갖추기 위해서
밥 주는 법부터 쾌적한 화장실 설치 방법, 발톱갈이에 대처하는 방법까지
기본적인 환경조성에 관해 소개한다.

11 캣푸드에 관하여

동물은 각자 식성이 다르기에 이 지구상에서 함께 사는 것이 가능하다. 만약 모든 동물이 똑같은 음식을 먹어야 한다면 언젠가는 먹이가 바닥나 모두 굶어죽겠지만 각자 먹이의 대상이 다르니 먹이를 다툴 필요 없이 공존할 수 있는 것이다.

그런데 식성이 다르다는 것은 필요로 하는 영양소가 다르다는 뜻이기도 하다. 가령 육식동물은 다른 동물의 몸을 먹음으로써 단백질을 섭취하고 초식동물은 풀이나 나뭇잎을 먹고 단백질을 만들어낸다. 그중 순수한 육식동물인 고양이는 고기와 채소를 먹는 잡식동물인 인간과는 필요한 영양소가 다르기 때문에 사람과 똑같은 음식을 먹으면 영양소가 결핍되어 병에 걸린다. 사람에게는 사람의 영양학이, 고양이에게는 고양이의 영양학이 있는 것이다. 따라서 반려인은 고양이에게 고양이의 영양학을 충족시키는 식사를 제공해야 한다.

고양이의 식사는 사람의 식사보다 만드는 과정이 훨씬 복잡한데 그래서 생겨난 것이 고양이에게 필요한 영양을 고려해 만들어진 캣푸드이다. 그런 만큼 고양이를 건강하고 오래 살게 하고 싶다면 캣푸드에 대한 올바른 지식부터 습득하도록 한다.

옛날에는 고양이들에게 '고양이밥(밥에 멸치나 생선뼈를 섞어 된장국에 말아준 것)'을 먹였다. 영양소가 결핍된 고양이들의 수명은 기껏 5년 정도였다. 하지만 요즘 평균 수명은 15년 전후이고, 20년 이상 사는 고양이도 드물지 않다. 이는 캣푸드의 발달과 보급이 큰 공헌을 했다.

캣푸드의 이모저모

종합영양식이라고 표시된 것

고양이에게 필요한 영양을 과부족 없이 포함한 것.
이것과 물만 있으면 OK!
건사료와 캔사료 일부가 종합영양식.

종합영양식 캣푸드
(본제품은 물과 함께 급여하세요)

일반식 혹은 부식이라고 표시된 것

고양이에게 필요한 영양을 일정한 기준으로 채운 것.
종합영양식과 함께 줄 것.
캔사료나 인스턴트의 대다수가 이것.

종합영양식 캣푸드
(종합영양식과 함께 급여하세요)

그 밖에도 연령이나 체중별로 나눈 것이나

져키, 치즈 등의 간식도 있다.

사람과 고양이는 입맛이 다르다

동물은 자신이 필요로 하는 영양원을 맛있게 느끼도록 만들어졌고, 맛있다고 느끼기 때문에 그 영양원을 먹고 싶어 한다. 이때 필요로 하는 영양원이 사람과 다른 고양이는 당연히 맛있다고 느끼는 대상 또한 사람과 다르다. 즉 서로 입맛이 다르다. 고양이는 사람보다 많은 단백질과 지질을 필요로 하지만, 염분은 사람만큼 필요 없고 탄수화물은 섭취하지 않아도 된다.

시험 삼아 캔사료를 한 입 먹어 보면 싱겁다고 느낄 텐데 그것은 고양이가 필요로 하는 염분이 사람보다 적기 때문이다. 고양이에게 맛있는 캔이 사람에게는 맛없게 느껴지는 것이 바로 미각의 차이이다. 이건 고양이의 미각이 열등해서가 아니라 필요로 하는 영양소가 다른 데에서 비롯된다.

사람이 맛있게 느끼는 맛의 핵심 포인트는 염분이다. 때문에 사람에게 맛있는 음식을 고양이에게 주면 고양이는 염분을 과다하게 섭취할 수밖에 없다. 염분의 과잉섭취가 질병을 초래하는 것은 사람이나 고양이나 마찬가지이다. 그런 만큼 신선한 생선은 줘도 괜찮지만 '소금양념을 하는 게 맛있겠지?'라는 생각은 잘못이다. 고양이의 미각에 맞지 않을 뿐만 아니라 질병의 원인이 된다.

사람이 맛있어 하니 고양이도 맛있어 할 것이라는 인간 중심의 이기적인 사고방식은 때때로 잘못된 애정으로 이어진다. '잘되어라'고 했던 일이 실은 잘못된 애정이라면 고양이는 행복해질 수도 건강을 지킬 수도 없을 것이다.

고양이는 단 걸 좋아하지 않는다

사람은 당분을 주요 에너지원으로 하기 때문에 설탕의 단맛을 좋아하고 피곤할수록 단 것이 땡긴다.

고양이는 단백질을 에너지원으로 하기 때문에 설탕의 단맛은 모른다.

고양이가 '달다'고 느끼는 대상은 단백질을 만드는 아미노산의 단맛이다. 새우나 게에는 당아미노산이 함유되어 있기 때문에 고양이는 새우나 게를 좋아한다.

팥에도 아미노산이 함유되어 있다. 그래서 팥소를 좋아하는 고양이는 설탕의 단맛이 아닌 팥의 단맛에 반응하는 것이다.

12 사람이 먹는 음식은 절대 금지

식사 때 고양이가 옆에 있으면, '조금 줘볼까?'하는 생각이 드는 게 인지상정이다. 또 고양이가 냄새만 맡고 먹지 않으면, '그럼 이거 먹어볼래?' 하며 다른 것을 주고 싶은 마음을 이해하지 못하는 것도 아니다.

하지만 그런 행동을 하면 고양이는 사람의 식사에 참여하려는 습관이 붙고, 그렇게 되면 사람의 입맛에 맞게 간한 음식을 먹는 습관이 몸에 밴다. 영양학적 측면에서 보면 고양이에게는 염분의 과잉섭취가 될 수밖에 없다.

맵고 짠 것을 먹다 보면 더 강한 맛을 찾게 되고 배가 불러도 눈앞의 맛있는 것을 계속 먹으려는 것은 사람이나 고양이나 매한가지. 그 결과 사람은 고혈압, 고양이는 신부전에 걸릴 확률이 높아진다. 미각을 잃는 것까지는 괜찮다. 하지만 나이를 먹을수록 신장이 나빠지는 고양이에게 과도한 염분 섭취는 치명적이다. 신장이 나빠져 병원에 데려가면, 많은 주의사항과 사료 처방을 받을 것이다. 그런데 사람의 식사에 맛을 들인 고양이의 습관을 없애기란 상상 이상으로 어렵다. 사랑하는 고양이의 '조르기 신공'을 무시한 채 묵묵히 먹는다 해도 밥이 입으로 들어가는지 코로 들어가는지도 모를 만큼 마음이 불편할 것이다.

그러니 애초에 사람의 음식은 주지 않는 습관을 들여야 사람의 음식에 무관심해지진다. 생선을 한 조각 잘라주고 싶을 때는 식탁이 아닌 부엌에서, 고양이의 밥그릇에 담아주도록 한다. 식탁은 사람만 사용한다는 것을 인식시켜야 고양이의 건강을 지킬 수 있다.

고양이의 비만도 나눠먹기가 큰 원인

캣푸드를 충분히 주고 있는데도 또 주는 행위.

눈앞에 신기한 것을 보면 좀 먹고 싶다. 더 먹고 싶다.

반려인의 간식도 나눠 먹는다. 간식 종류를 끝없이 먹으려 하는 것은 사람과 마찬가지.

그 결과 과식으로 인한 비만!
다이어트는 백만 광년쯤 멀어진다.

고양이는 냄새로 음식을 판단한다

사람 음식을 주면 안 되는 것은 알지만 고양이가 캣푸드를 안 먹어서 괴로운 반려인도 있을 것이다. 고양이가 밥을 먹지 않으면 불안해진 반려인은 뭐든 좋으니 먹어만 주면 다행이라고 생각하게 된다. 그 결과 고양이는 입맛이 까다로워지고 점점 더 캣푸드를 먹지 않게 되는 악순환이 발생한다.

인터넷 쇼핑몰이나 펫샵을 살펴보면 개사료 코너보다 고양이사료 코너가 훨씬 더 넓다고 느낄 것이다. 그것은 캣푸드의 맛이 매우 다양하기 때문인데 고양이는 취향이 까다롭고 반려인은 그 취향에 애를 먹고 있다는 반증이다.

충분한 먹이를 공급받는 고양이일수록 똑같은 캣푸드는 질려서 먹지 않게 된다. 종류를 바꾸면 당장은 먹지만 시간이 지나면 역시 먹지 않는다. '이렇게 종류가 많은데 우리 고양이가 먹을 건 없다니!' 한탄하는 사람도 있는데, 이럴 때는 몇 가지 종류를 정기적으로 바꿔주는 방법을 써본다. 질려서 안 먹던 먹이도 시간이 지나면 먹는 경우가 많다. 고양이의 먹고 안 먹는 결정적인 요인이 냄새라는 사실을 잊어서는 안 된다. 고양이는 맛보다 냄새의 동물이다.

건사료의 포장을 개봉하면 집게 등으로 밀봉한다. 사료통에 담고 남은 사료를 냉동실에 보관하는 것도 좋지만 처음부터 대포장을 사지 않는 것이 좋고, 캔도 한 번에 다 먹을 수 있는 사이즈를 선택하는 것이 바람직하다. 또 겨울에는 캔을 사람의 체온만큼 따뜻하게 데워주면 냄새가 풍겨 더 잘 먹는다. 이처럼 고양이의 식생활은 냄새를 풍기려는 다양한 노력으로 얼마든지 개선될 수 있다.

냄새를 풍기는 것이 관건

건사료

2~3마리라면 소포장으로 산다.

개봉하면 병에 넣어 밀봉,
일주일 내에 다
먹을 정도의 양.

남은 것은 밀봉해서 냉동.
자연해동시켜 먹이면 OK.

캔사료

한 번에 다 먹을 수 있는 사이즈를 산다.

겨울에는 사람의 체온 정도로 데워준다.

13 건사료는 언제라도 먹을 수 있게 담아두자

캔이나 인스턴트 캣푸드는 건사료보다 맛있어 보인다. 하지만 건사료만 좋아하고 캔은 먹지 않는 고양이도 있다. 건사료는 종합영양식이며 이빨에 찌꺼기가 적게 끼기 때문에 치주병 예방이 가능하다는 장점이 있다. 그런 만큼 고양이가 건사료를 더 좋아한다면 굳이 캔사료를 줄 필요는 없다. 건사료와 깨끗한 물만으로도 충분히 건강을 유지할 수 있기 때문이다.

캔을 좋아한다면 가능한 '종합영양식'이라고 표시된 것을 선택하고, '이건 안 먹는데' 하는 경우에는 건사료를 같이 준다. 아침저녁으로 캔이나 인스턴트를 주고 건사료는 언제든 먹을 수 있도록 그릇에 담아놓는 것이 좋다. 캔이나 인스턴트는 부패할 우려가 있어 남긴 음식을 빨리 치워야 되지만 건사료는 장시간 담아둘 수 있다.

수분이 약 80% 포함된 캔이나 인스턴트는 먹은 직후에는 포만감을 느끼지만 금방 배가 고파지므로 그때는 건사료를 먹인다. 수분이 약 10%인 건사료는 먹고 나면 갈증이 생기므로 반드시 물과 함께 준다. 낮에 집을 비우는 가정에서도 이렇게 하면 안심할 수 있다. 시간이 지나 냄새가 날아가면 먹지 않으니 매일 아침 사료를 새로 담아준다.

이른 아침 식사를 재촉하는 고양이 때문에 어쩔 수 없이 잠을 깬다면 미리 건사료를 담아두자. 건강한 고양이는 자신이 먹을 양을 알아서 조절하므로 언제든 먹을 수 있게 해둔다고 비만이 되지는 않는다.

건사료는 물과 함께 세트로 준다

캔사료의 수분은 약 80%. 따라서 캔사료만 먹는 고양이는 물을 별로 마시지 않는다.

대신 수분이 80%이므로 금방 배가 고파진다.

건사료의 수분은 약 10%. 반드시 물이 필요하다. 배도 든든하고 값도 싸다. 건사료는 경제적!

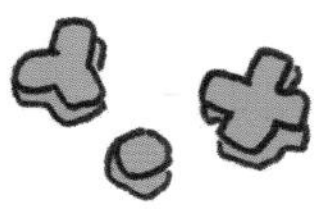

건사료를 언제든 먹을 수 있게 해둔다. 아침 일찍 깨우는 일이 없어질 것이다.

고양이의 식욕에는 기복이 있다

충분한 식사를 공급받는 고양이일수록 식욕에 기복이 있다. 기분이 좋아 잘 먹는 날이 있는가 하면 전혀 먹으려 하지 않는 날도 있다. 그럴 때 반려인은 '그럼 이거 먹을래?' 하고 다른 비싼 캔을 따는데 그다지 의미 있는 행동은 아니다. 따버린 캔이 통째로 쓸모없게 되거나 고양이가 비만이 될 확률이 높기 때문이다.

식욕이 없을 때는 고양이의 모습을 주의 깊게 관찰하고 평소와 다름없이 건강해 보인다면 내버려둬도 괜찮다. 다음날이 되면 언제 그랬냐는 듯이 잘 먹을 것이다. 언제라도 먹을 수 있는 행복한 환경에서 사는 고양이에게 자주 보이는 패턴이다.

야생 고양이는 사냥을 하면 배를 채우고 사냥에 실패하면 굶주린 채 하루를 보낸다. 그런 의미에서 본다면 고양이는 애초에 규칙적인 식사 같은 건 하지 않고 원래 몰아서 먹는 동물이다. 몰아서 먹는 탓에 평소 식욕이 없는 고양이에게 어떻게든 먹이려고 계속 색다른 음식을 시도하면 고양이는 먹을지도 모르지만 그것은 비만의 원인이 될 수 있으므로 식욕이 없을 때는 억지로 먹이는 것보다 주의 깊게 몸 상태를 체크하는 것이 우선이다.

버림받아 먹이를 찾아 헤매던 고양이를 구조하면 쉴 새 없이 먹는데 그 양에 놀랄 것이다. 사람을 볼 때마다 먹을 걸 달라고 조르고 아무리 줘도 끝없이 먹어댄다. 만성적인 기아상태가 '먹을 수 있을 때 먹어야 해!!' 주문을 걸어 머릿속은 온통 먹는 생각뿐이다. 그 안쓰러움을 생각한다면 기분에 따라 먹는 집고양이는 행복한 동물이라는 생각이 든다. '오늘은 먹고 싶지 않다'니, 참으로 행복한 일이 아닐 수 없다.

길고양이를 보호하면…

잠에서 깰 때마다, 눈이 마주칠 때마다 먹을 것을 요구.

그러던 고양이도 한 달쯤 지나면 몰아서 먹기 시작한다. 집고양이로 돌아왔다는 증거.

14 쾌적한 잠자리를 위하여

하루 중 20시간 가까이 잠을 자는 집고양이에게 잠자리는 필수품이다. 하지만 잠자리에 관한 고양이의 취향은 꽤 까다롭기 때문에 처음부터 준비할 필요는 없다. 기껏 구입했는데 사용하지 않으면 쓰레기만 되므로 살면서 고양이의 성격이나 취향을 파악한 후 구비하는 것이 현명하다.

고양이는 기본적으로 몸이 완전히 들어갈 수 있는 모양을 선호한다. 야생 시절 나무속이나 바위틈 같은 데 들어가서 자던 경계심의 잔재이다. 그래서 출입구에 얼굴을 내밀고 몸은 다 들어가 있는 봉투 형태를 가장 좋아한다. 안심할 수 있기 때문이다.

하지만 집고양이는 경계심에도 정도 차이가 있고, 안심도를 어느 정도나 추구하는지도 개묘 차가 심하다. 그 차이가 곧 잠자리의 취향으로 나타나므로 함께 살아보지 않고서는 어떤 잠자리를 좋아하는지 알 수 없다.

기껏 사온 하우스는 이용하지 않으면서 세탁실의 세탁바구니를 좋아하는 고양이도 있고 소파 한가운데를 좋아하는 고양이도 있다. 의자 위를 좋아하는 고양이가 있는가 하면 옷장 속 이불에 파묻혀 자는 걸 좋아하는 고양이도 있다. 즉 전용침대가 필요 없는 고양이가 적지 않다.

취향을 확인한 후 바구니 등을 이용해 침대를 만들어주거나 고양이가 좋아하는 장소를 비우고 그곳에 수건이나 담요 등을 깔아준다면 고양이에게는 최고의 잠자리가 될 것이다.

고양이가 좋아하는 낮잠 장소, 그 심리

출입구가 하나면 확실히 안전하지만 그것은 자연계에서나 통하는 법칙. 종이봉투라면 뒤에서도 덮칠 수 있다. 하지만 고양이에게 그런 건 상관이 없다.

고양이가 좋아하는 잠자리 만들기의 예시

고양이는 정기적으로 잠자리를 바꾼다

고양이의 낮잠 장소에는 유행이 있는 것 같다. 예를 들어 매일 고양이 전용 침대에서 잠을 자는가 싶으면 어느 날부터는 창가 의자에 올라가서 잔다. 그러다가 또 얼마 동안은 현관 앞 쓰레기통 위에서 잔다. 물론 매일 바꾸는 일은 거의 없지만, 그 장소를 다시 이용하지 않을 수도 있고 다시 애용하는 경우도 있다. 계절에 따른 쾌적함의 정도 때문만은 아닌 것 같은데 성실한 건지 변덕인 건지……, 그 이유는 모르겠다. 하지만 하나만으로 부족한 것은 분명하다.

고양이에게 쾌적한 잠자리를 제공하고 싶다면 여러 개의 잠자리를 다양한 장소에 마련해주는 것이 좋다. 고양이가 여러 마리일 때는 공유도 가능하므로 묘구 수가 많다 해도 온 집안이 고양이의 잠자리로 도배될 걱정은 없다. 또 다시 사용할 수도 있으니 '이 하우스는 요즘 사용을 안 하더라'며 치우지 않도록 한다.

또 남는 공간을 여기저기 비워두는 것이 좋다. 빈 공간이 없으면 고양이가 자유롭게 잠자리를 선택할 수 없으므로 책장 한 칸 정도는 비워두고 서랍 위에도 물건을 빼곡하게 쌓아놓지 않도록 한다. 그리고 고양이가 그 빈 공간을 잠자리로 선택했다면 마음 편히 잘 수 있도록 수건 등을 깔아주는 것이 좋다.

잠자리나 낮잠 장소에 깔아둔 수건 등은 정기적으로 바꿔준다. 위생적인 문제도 있지만 고양이는 깨끗한 천을 좋아한다. 뽀송뽀송하게 말린 수건을 깔아주기만 해도 어제까지 사용하지 않던 장소에서 자기도 할 정도이다. 고양이의 잠자리는 품격 있는 고양이로 살기 위한 필수조건이다.

고양이는 잠자리를 몇 개씩 사용한다

항상 여기서 자지는 않지만 주 잠자리.

여름에는 여기가 바람이 잘 통하니 최고!

여기도 쾌적.

겨울에는 이곳이 따뜻해.

엄동기에는 사람의 온기가 있는 침대.

냐옹아, 여기는
내 침대란 말야!

15 화장실 모래를 선택하는 방법

고양이를 키우려면 꼭 필요한 것이 화장실 모래와 화장실 청소이다. 방목고양이는 대개 남의 집에서 볼일을 보는데, 이것은 도시에서 특히 더 문제가 된다. 생판 모르는 남이 내 고양이가 본 볼일을 치우고 냄새를 없애기 위해 돈을 쓴다고 생각하면 나 몰라라 하는 것은 무책임 그 자체. 화장실 모래를 구입하고 매일 화장실 청소를 해줌으로써 반려인으로서 책임을 다하는 행복을 누리자.

화장실 모래에는 여러 종류가 있는데 크게 태울 수 있는 것과 태울 수 없는 것으로 나눌 수 있다. 묘구 수에 따라 쓰레기의 양도 다르고 사는 지역에 따라 쓰레기 회수 형태도 다르다. 경우에 따라서는 마당의 흙속에 파묻을 수도 있을 것이다. 키우는 사람의 조건에 따라 어느 타입이 편리할지 고려한 후 구입하면 된다.

타입을 정하고 나면 각 상품 별로 장점을 비교한다. 젖은 부분이 응고되는 것, 소변은 흡착하고 대변만 퍼내면 되는 것, 씻어서 사용할 수 있는 것, 화장실 변기에 버릴 수 있는 것 등이 있다.

이제 남은 것은 실제로 사용해보는 것뿐인데 소취효과나 굳기 상태 외에 입자가 너무 가벼워 날린다든지 모래가 튄다든지 고양이가 싫어한다든지 등은 사용해보지 않으면 알 수 없다. 화장실의 형태나 가정환경에 따라 사용방법이 다르므로 몇 가지 종류를 시험해보도록 한다.

새로운 제품을 발견했을 때도 일단 먼저 테스트 해보는 것이 좋다. 예민한 고양이는 모래를 바꾸기만 해도 스트레스를 받아 건강에 문제가 생길 수도 있기 때문이다.

다양한 형태의 화장실 모래

태울 수 없는 모래
(광물질, 실리카겔)

- 젖은 부분이 굳는 것
- 씻어서 재사용이 가능한 것
- 소변은 흡착. 대변만 건져내면 되는 것

태울 수 있는 모래
(종이펄프, 콩, 톱밥 등으로 만든 것)

- 젖은 부분이 굳는 것
- 수세식 화장실에 버리는 것
- 일주일에 한 번 갈아주면 되는 것 (전용화장실 사용)

화장실은 어디에 둘까?

사람은 화장실에 들어가 있는 모습을 남에게 보여주고 싶어 하지 않으니 고양이도 그럴 거라고 생각하기 쉽지만 전혀 그렇지 않다. 아무에게도 방해받지 않고 안심하고 볼일을 보고 싶기는 하겠지만 남에게 보여주기 싫어한다면 볼일을 본 후 사람의 면전에서 대담하게 엉덩이를 핥지는 않을 것이다. 고양이에게 반려인은 위험한 존재가 아니기 때문에 무방비한 모습을 보여도 불안하게 느끼지 않는 것이다.

보이고 싶지 않을 것이라고 생각해서 화장실 구석 같은, 사람이 볼 수 없는 장소에 고양이 화장실을 놓게 되면 고양이의 건강관리를 제대로 할 수 없다. 화장실 관찰은 고양이 건강관리의 첫걸음. 그러기 위해서는 화장실에서 '나온' 후의 용변상태 체크만으로는 부족하고, '일을 보는 과정'도 중요한 체크포인트이다. 그러니 화장실에 들어갈 때의 상태, '사용 중'인 모습, '사용 후'의 모습을 수시로 관찰할 수 있는 장소에 두는 것이 가장 좋다.

요즘은 소취효과가 뛰어난 모래가 많으니 거실 한쪽에 둬도 냄새가 나지 않는다. 화장실에 들어가도 볼일을 보지 않고 나오는 경우가 있는데 이것은 매우 위험한 신호이다. 이런 증상은 화장실이 눈에 띄는 장소에 있지 않으면 발견하기 힘들다.

마음 편히 볼일을 볼 수 있으면서도 눈에 보이는 장소, 손님들이 지나다니는 곳에서는 보이지 않지만 가족들에게는 보이는 곳을 찾아보자. 화장실 관찰은 질병의 조기예방에도 도움이 되지만 고양이가 가진 재밌는 화장실 버릇을 볼 수 있는 즐거운 시간이기도 하다.

건강관리를 위한 화장실 관찰

소변을 보고 싶어 하는데 나오지 않는다면 고양이 비뇨기증후군일 수도 있다. 당장 병원에 간다!!
힘을 주는데도 대변이 나오지 않는 것도 문제.

하지만 건강한 고양이의 화장실 관찰은

어설픈 농담보다 훨씬 더 웃기다.

16 화장실 트러블의 해결 방법

고양이는 배설장소를 선택하는 기본조건이 확실하므로 이것을 이용하면 화장실 버릇을 쉽게 들일 수 있다. 전용 모래가 담긴 화장실만 있으면 바닥이나 장판이 아닌 화장실을 선택하기 때문이다. 1~2회 정도 화장실로 유도하면 고양이는 기억했다가 알아서 가릴 것이다.

그런데 멀쩡하던 고양이가 갑자기 화장실을 사용하지 않을 때가 있다. 욕실 매트나 이불 위에 실수하는 화장실 트러블은 야단쳐봐야 악화만 될 뿐 소용이 없다. 이럴 때는 야단치기보다 왜 화장실을 사용하지 않게 됐는지 그 원인을 찾아내 없애주는 것 외에는 다른 해결책이 없다.

배설장소의 조건이 확실하다는 것은 바꿔 말하면 조건이 충족되지 않으면 사용하지 않는다는 뜻이기도 하다. 그렇다면 어느 조건이 만족시키지 못하고 있는지가 관건인데, 그것을 알아내기가 의외로 어렵다. 미처 알아채기도 전에 조건이 충족되는 경우도 있기 때문이다.

일단 생각나는 대로 원인을 하나씩 제외해본다. 화장실 모래가 마음이 들지 않는 건가 싶다면 모래를 바꿔본다. 효과가 없다면 원인이 아니다. 그렇다면 장소 문제일까? 화장실 위치를 바꿔보고, 역시 효과가 없다면 그것도 원인이 아니다. 화장실 근처에 놔둔 물건이 고양이를 불안하게 만드는 경우도 있으니 사소한 것도 놓치지 말고 '원인일지도 모른다'고 의심할 필요가 있다.

고양이는 의외로 섬세하고 예민한 존재인 만큼 화장실 트러블은 원인을 계속 찾아보면서 해결해나갈 수밖에 없다.

화장실 트러블이 발생하면

① 절대 야단쳐서는 안 된다. 고양이는 '반려인이 난폭하다'고 생각한다.

② 다리가 아파 화장실에 들어가지 못하는 걸 수도. 다친 데는 없는지 확인한다.

③ 병일 수도 있다. 소변상태나 횟수를 체크한다. 이상하게 느껴지면 즉시 병원으로 간다.

④ 원인일 수도 있는 것을 하나씩 배제해본다.

정신적인 원인도 찾아보자

건강상의 문제도 없고 물리적인 원인도 아닌 것 같다면 이제 정신적인 원인을 의심할 수밖에 없다.

우선 집안을 생각해보자. 최근 반려인이 불안해하지 않았었나? 고양이를 방치하지는 않았었나? 어리광쟁이에 의존성이 강한 고양이는 그런 사소한 이유만으로 정신적인 불안을 느끼기도 하고 이런 스트레스로 화장실 트러블을 겪는 경우도 꽤 있다.

여러 마리를 키운다면 고양이들끼리의 관계가 원인이 되기도 한다. 사이가 좋았던 고양이들도 성장하면서 관계가 변화한다. 그리고 다른 고양이가 있다는 사실이, 혹은 특정한 누군가가 스트레스의 원인이 되는 경우도 있다. 고양이는 싫어 하는 대상을 무시할 뿐 싸움을 하지 않기 때문에 반려인은 이런 관계악화를 알아채지 못하는 경우가 많다. 중성화 수술을 했는데도 스프레이를 하는데다 화장실 트러블까지 있다면 일단 고양이들끼리의 관계에서 비롯된 문제일 가능성이 크다.

이 경우 화장실을 따로 놔주는 방법도 있지만 가장 좋은 방법은 스트레스를 느끼는 고양이를 위해 전용 케이지를 준비하는 것이다. 화장실을 설치하고 식사도 할 수 있을 정도의 넓은 케이지에서 살게 하면 스트레스나 불안의 원인에서 해방되어 안정을 되찾을 확률이 높다.

고양이들의 관계는 계속 변화하므로 한번 케이지에서 살기 시작했다고 해서 평생 케이지 안에서 산다는 법은 없다. 문을 열어두고 들어가고 싶을 때만 들어가게 하는 것도 괜찮다. 어쨌든 케이지 안을 더 편하게 느끼고 좋아하는 고양이가 있다는 것만은 분명한 사실이다.

다양한 화장실의 종류

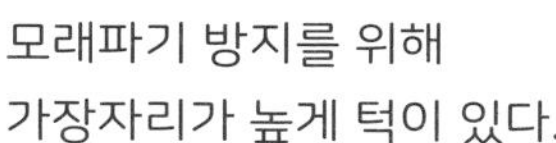

모래파기 방지를 위해
가장자리가 높게 턱이 있다.

후드가 달린 것.
입구는 2가지 타입.

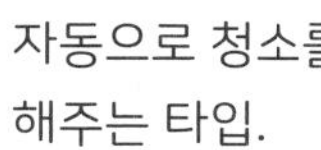

자동으로 청소를
해주는 타입.

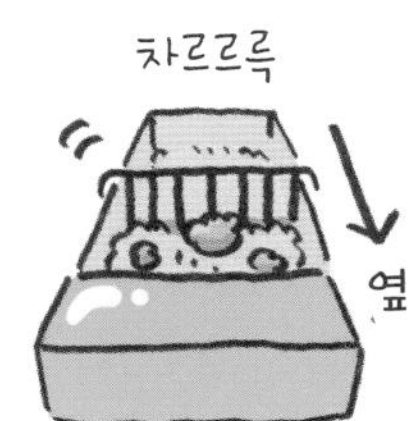

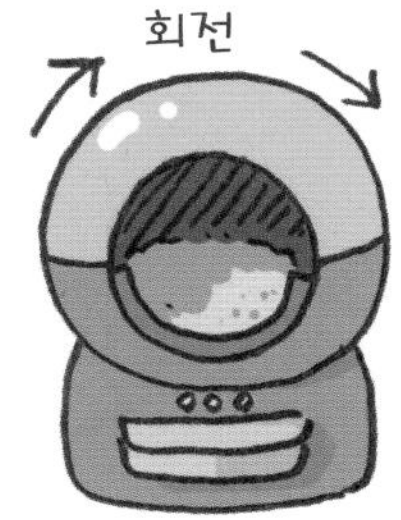

발에 달라붙은 화장실 모래를
털어주는 매트.

17 빗질을 습관화하자

단모종, 장모종을 불문하고 새끼 때부터 매일 빗질하는 습관을 들이는 것이 좋다. 간혹 빗질을 매우 싫어하는 고양이로 자라기도 하는데, 그렇게 되면 털갈이 시기에 대량으로 빠진 털이 온 집안을 덮을 것이다. 장모종의 경우는 털이 엉켜 뭉친 정도 또한 심하다.

털갈이는 봄가을에 하는데, 봄에는 겨울에 자란 털이 빠지고 여름털로 바뀐다. 또 가을에는 여름털이 빠지고 겨울털로 바뀌는데 겨울털이 빠지는 봄의 털갈이 시기에 빠지는 털의 양은 상상을 초월한다. 빠지려는 털을 빗질로 꾸준히 제거해주지 않으면 순식간에 온 집안은 털에 점령당할 것이다. 고양이가 목덜미를 긁을 때마다 털이 연기처럼 날아오르고 그 털은 곧 음식물 위에 내려앉는다. 고양이를 안으면 옷은 온통 털투성이, 코는 훌쩍훌쩍, 방 구석구석에는 실먼지처럼 털이 쌓여 뭉치고……, 쾌적한 삶과는 점점 거리가 멀어진다. 그렇게 생각한다면 온 집안에 털이 날린 후에 청소하는 것보다 고양이의 몸에서 털이 빠지기 전에 제거해주는 것이 훨씬 편하다.

빠진 털만의 문제가 아니다. 매일매일의 빗질은 건강 체크 역할도 한다. 몸을 샅샅이 만지다 보면 아픈 곳이나 피부 이상을 발견할 수밖에 없다. 빗질에 의한 피부 마사지는 혈액순환에도 도움이 된다.

빗질을 좋아하는 고양이로 자라면 빗질은 애정교환의 시간도 된다. 반려인이 빗을 들기만 해도 환희작약하며 달려오는 고양이로 키워 집안의 청결과 고양이의 건강 그리고 애정까지 일석삼조를 확보하자.

털갈이의 구조

가을 털갈이

여름털이 겨울털로 바뀐다. 푹신푹신한 솜털이 많이 돋아나 단열재가 되어 겨울을 대비한다.

샴고양이는 솜털이 없다.

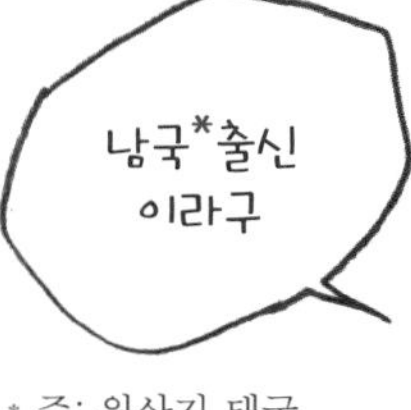

* 주: 원산지 태국

봄 털갈이

푹신푹신한 솜털이 몽땅 빠져 여름털이 된다. 때문에 빠진 털의 양이 장난이 아니다.

스텐리스 제품인 벼룩제거 빗은 정전기가 잘 발생하지 않는다.

청소하기 쉬운 환경 만들기

털갈이 시기, 특히 봄에는 날마다 최소 2회의 빗질이 적당하다. 하지만 그렇게 해도 빠진 털은 공중을 날아다니다 결국 바닥에 떨어지고 사람이 걸어다닐 때 생기는 미세한 바람에 날아가 방구석에는 '털뭉치'가 생긴다.

빠진 털 때문에 고민하지 않는 쾌적한 생활을 유지하려면 꼼꼼하게 청소하는 것도 중요하지만 그 전에 청소하기 쉬운 환경을 만들어야 한다. 청소를 하기 쉬워야 꼼꼼한 청소가 가능하기 때문이다.

일단 카펫에는 털이 달라붙기 쉬우므로 장판이나 나무 바닥이 편하고, 가구배치에서는 가구와 가구 사이에 틈이 있으면 그 사이에 털이 쌓이므로 털이 들어가지 않도록 딱 붙여놓거나 청소기가 쉽게 들어갈 정도의 간격을 주는 것이 좋다. 어중간한 간격은 털뭉치를 청소할 수 없는 최악의 상태가 된다. 또 바닥에 자질구레하게 물건을 놓지 않아야 한다. 청소할 때마다 이리저리 옮기다 보면 귀찮아서 대충대충 청소하게 되는데 그렇게 해서는 털뭉치에서 해방될 수 없다.

간혹 '더러워도 신경 안 써. 청소 같은 거 안 해도 안 죽어' 하는 사람이 있는데 어떤 동물이든 사육의 기본은 '청결한 환경을 추구하는 정신'이다. 집고양이라고 해도 벼룩이 생길 가능성은 있다. 벼룩이 깐 알이 바닥에 흩어져 유충이 되면 먼지 속에서 번데기가 된다. 청소를 깨끗이 하지 않는 집에서는 벼룩이 발생할 확률이 높고 방목이라면 더욱 그렇다. 벼룩이 생겨 피해를 실제로 당해보면 '안 죽으면 그만'이라는 말은 더 이상 나오지 않을 것이다.

편하게 청소하는 노하우

바닥에 지저분하게 물건을 늘어놓으면 청소하기 힘들다. 가구와 가구 사이에도 주의.

밀대걸레가 있다면 좀 더 꼼꼼하게 청소할 수 있다.

롤식의 접착테이프를 가까이 두고 생각날 때마다 데굴데굴.

고양이의 낮잠 장소에는 털이 붙기 쉬운 천을 깔아주고 사람은 털이 잘 안 붙는 소재를 입는다.

18 장모종은 가끔 목욕을 시키자

동물은 모두 각자 자신의 몸을 깨끗하게 하는 방법을 본능적으로 아는데 고양이의 경우에는 몸을 핥는 방법, 즉 그루밍을 한다. 특히 몸에서 냄새나는 것을 싫어하는 고양이들은 부지런히 그루밍을 하기 때문에 특별한 일이 없는 한 냄새가 나는 일도 없다. 이런 것들은 고양이에게 맡겨두면 대체로 해결된다.

기본적으로 단모종은 목욕을 시킬 필요가 없지만 품종개량을 통해 털이 길어진 장모종의 경우 타고난 그루밍 능력만으로는 어림도 없다. 때문에 반려인은 목욕을 통해 고양이를 도와야 한다.

하지만 인간처럼 매일 혹은 하루걸러 목욕을 시키다가는 털이나 피부에 필요한 기름까지 제거되므로 건강에 좋지 않다. 목욕 횟수가 너무 많으면 털이 푸석푸석해지고 피부도 약해진다. '지성' 고양이라면 몰라도 보통은 초여름에 한 번, 늦여름에 한 번 정도면 충분하다.

기온이 낮고 털을 말리기 힘든 겨울에는 목욕을 시키지 않는 것이 좋다. 몸이 아플 때, 예방주사 전후 2주간도 목욕을 시켜서는 안 된다.

목욕 시 샴푸는 반드시 동물용을 사용한다. 목욕물의 온도는 체온과 비슷하게 맞추고 목욕 후에는 마른 수건으로 잘 닦아준다. 소리를 무서워하는 고양이에게 드라이기는 익숙하지 않으니 화상을 입히지 않도록 드라이 기술을 연마하도록 한다. 집에서 목욕을 시키기 힘들 경우에는 목욕이 가능한 펫샵이나 동물병원을 찾아본다. 이 밖에도 증기타월로 털을 털어주거나 더러워진 부분만 씻어주는 방법도 있다.

단모종은 목욕이 필요 없다

고양이는 몸을 핥아서 깨끗하게 한다.

식사 후나 화장실에 다녀온 후에
털을 고르는 것은 더러움과 냄새를
제거하기 위해서.

하지만 장모종은 타고난
그루밍 능력만으로는 무리이다.

반려인은 꼼꼼한 빗질과 목욕으로
털 정리를 도와줘야 한다.

장모종일수록 헤어볼을 토한다

고양이는 식사 후에나 볼일을 본 후에 몸을 핥는 습성이 있는데 그때 빠진 털을 삼키게 된다. 삼킨 털은 변에 섞여 나오기도 하지만 위에 쌓여 헤어볼이 되기도 한다. 단모종, 장모종 모두 이 헤어볼을 토해내는데 장모종이 토하는 빈도수가 훨씬 높다. 똑같은 개수의 털을 먹는다고 가정하면 장모종의 양이 훨씬 더 많기 때문이다.

헤어볼을 잘 토해내면 괜찮지만 가끔 그러지 못하고 위에 쌓이는 경우가 있다. 위속에 헤어볼이 형성된 것 자체는 이상하지 않지만 잘 토해내지 못하면 문제가 된다. 토해내지도 장으로 보내지도 못한 채 헤어볼이 위를 점령해버리면 고양이는 아무것도 먹을 수가 없어 쇠약해진다. 이 모구증에 걸리면 수술 외에 다른 해결책이 없다.

미리 헤어볼 전용 캣푸드를 이용하는 것도 좋지만 매일 하는 빗질, 특히 털갈이 시기에 꼼꼼한 빗질로 최대한 털을 제거하여 우선은 큰 헤어볼이 생기지 않도록 신경 쓴다. 장모종은 털갈이 시기에 맞춰 목욕을 시켜 빠진 털을 제거해주는 것이 좋다.

또 '고양이풀'을 방에 두고 먹고 싶을 때 먹을 수 있도록 한다. 고양이풀은 벼과의 식물로 얇고 긴 잎 끝이 뾰족하다. 이 뾰족한 부분이 고양이의 목을 자극해 헤어볼을 토하기 쉽게 만드는 것이다.

고양이풀은 펫샵에서는 씨앗으로, 꽃집에서는 '캣그라스'라는 이름의 어느 정도 자란 식물 상태로 판매한다. 일주일이면 시들지만 햇볕에 내놓으면 다시 싹이 튼다.

고양이가 헤어볼을 토했을 때

헤어볼과 함께 막 먹은 밥까지 토할 때가 문제. 청소에 애를 먹는다.

신문지에 받으려면 요령이 필요하다. 급하면 바로 앞에 던지는 신공을!!

헤어볼용 캣푸드도 있지만 역시 토한다.

고양이풀을 키운다. 특히 실내사육 시 필요. 그럼 헤어볼을 토하기 쉬워진다.

19 사고는 미리 예방하자

고양이는 어린아이만큼이나 장난을 많이 치고 놀이를 즐기는 동물이기 때문에 사고가 나거나 다치지 않도록 미연에 방지해야 한다.

가장 주의해야 할 곳은 욕실이다. 물이 담긴 욕조에 고양이가 빠지면 아무리 기어오르려고 해도 발톱이 걸리지 않아 올라오기 힘들다. 그러니 평소 빈 욕조에 물을 채운 채 방치하지 않도록 한다. 비었다고 생각해서, 뛰어들었다가 풍덩 빠진다는 상상만으로도 오싹 소름이 돋을 것이다. 또 뚜껑이 있다 해도 고양이의 무게 때문에 떨어질 수 있으므로 욕조에 물을 채웠을 때는 욕실 문을 닫아 아예 들어가지 못하게 한다.

고양이에게 전기기구의 코드를 깨무는 버릇이 있다면 코드에 커버를 씌우고, 기지개를 켜다가 발에 닿는 것을 당기는 버릇이 있다면 버튼식 가스레인지 밸브를 꼭꼭 잠그는 습관을 들인다. 고양이가 손을 댔다가 불이 켜지면 화재가 날 수도 있다.

호기심이 많은 어린 고양이일수록 생각지도 못한 일을 저지른다. 석유난로 위에 뛰어오른다든지 가스스토브에 발을 건다든지…… 녀석들이 무슨 짓을 할지 예측이 불가능하다. 또 입에 물건을 문 채 높은 데서 뛰어내리는 행동은 매우 위험하므로 연필꽂이의 볼펜을 끄집어내어 가지고 노는 고양이라면 주의해야 한다.

고양이의 버릇을 알 때까지는 쓸데없는 걱정이라고 할 정도로 주의를 기울여야 한다. 가끔 집을 비울 때는 상상력을 최대한 발휘하여 위험 가능성이 있는 물건들은 치우도록 한다.

여러 가지 위험방지 대책

욕조

반드시 물을 빼거나 문을
닫아둔다.

가스레인지

버튼식은 밸브를 잠근다.

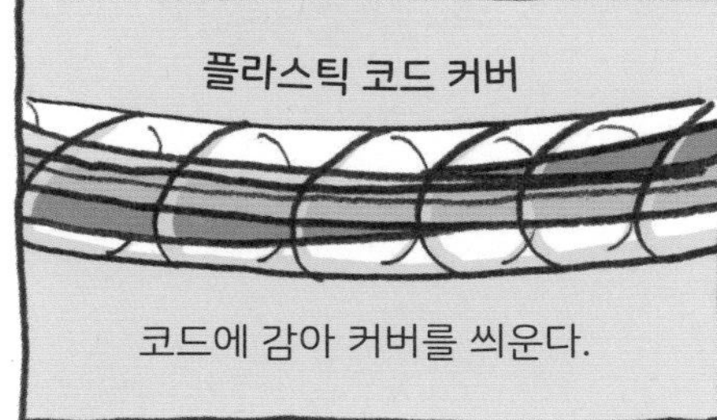

코드를 감추거나
커버를 씌운다.

스토브

펜스를 친다.

중독을 일으키는 식물도 있다

흔히 보는 식물 중에서도 중독증상을 일으키는 것이 있다. 관엽식물도 조심해야 한다.

나팔꽃 종류

구토, 설사, 혈압저하

몬스테라 잎

피부병, 신장독성

아이비 잎

구토, 설사

포인세티아 잎

구토, 설사

엘리펀트 이어 (안투리움, 칼라듐) **초액**

구토, 구강이나 목의 염증

매발톱꽃, 특히 씨앗

피부병,
구강 내 염증

토마토 잎, 줄기

피부병

필로덴드론 잎

피부병,
신장독성

극락조화 전체

구토, 설사

크리스마스로즈

구토, 설사,
혈압저하, 심장마비

20 발톱은 정기적으로 깎아주자

실내생활을 하는 집고양이는 정기적으로 발톱을 깎아줘야 한다. 만약 장난치다가 커튼이나 이불에 발톱이 걸려 빠지지 않는다면 발버둥치는 고양이의 발톱과 몸에 커튼이나 이불이 감겨 한바탕 소동이 벌어질 것이다. 도와주려 해도 전혀 협조 자세를 보이지 않고 버둥거리면 사람이나 고양이나 다칠 수밖에 없다.

안을 때 고양이가 버둥거리다가 반려인의 몸에 발톱이 파고들기도 하는데, 고양이가 발톱을 박고 매달리면…… 지옥을 맛볼 것이다. 또 사소한 치료나 목욕시킬 때를 생각한다면 발톱을 자르는 것이 무난하다.

하지만 방목하는 경우에는 깎아서는 안 된다. 고양이는 '오늘 발톱을 깎았으니 담벼락이나 나무는 못 오르겠지?'라는 생각은 하지 않는다. 위기가 닥치면 평소처럼 담이나 나무에 올라 도망쳐야 하는 상황에서 주루룩 미끄러지고 만다. 마당에서 일어나는 일이라면 웃긴 광경이겠지만 집 밖에서 이런 일이 생기면 죽음에 직면할 수도 있다.

발톱을 깎을 때는 작은 팁이 있는데 익숙해지면 간단하다. 스킨십의 일환으로 몸 구석구석을 꼼꼼하게 체크하면서 발톱을 깎아주도록 한다. 노령의 고양이는 점점 발톱을 갈지 않게 되므로 새 발톱이 나는 속도가 느려지는데 그렇게 되면 발톱이 점점 굵고 완곡해지기도 한다. 완곡해진 발톱은 어느새 살에 파고들어 상처를 내므로 어린 고양이보다 더욱 세심한 발톱관리가 필요하다.

고양이의 발톱이 자라는 구조

고양이의 발톱은 소프트 아이스크림 콘 과자처럼 몇 개씩 겹쳐 있는 구조.

· 안쪽부터 새 발톱이 점점 자라난다.

· 제일 바깥쪽 발톱은 서서히 마모된다.

· 발톱을 갈면 제일 바깥쪽 발톱이 벗겨진다.

밑에 있는 새롭고 날카로운 발톱이 나타난다.

발톱 깎기 싫어하는 고양이에게는 어떤 방법을 써야 할까?

발톱 뿌리의 불투명한 부분에는 피가 흐르므로 그 부분까지 자르면 출혈이 생긴다. 그런 만큼 고양이가 하얀 발톱을 가졌다면 알아보기 쉽지만, 검은 발톱은 불투명한 부분을 알기 어려우므로 조심해야 한다.

펫 전용 발톱깎이에는 가위형과 피가 흐르는 부분을 알 수 있도록 라이트가 달린 것이 있는데, 사람이 쓰는 손톱깎이로도 충분히 대체할 수 있다. 이때는 발톱을 좌우에서 끼우듯이 자르면 된다.

어떤 발톱깎이를 사용하든 자르려고 하면 필사적으로 거부하는 고양이도 있고, 1~2개까지는 자르게 하지만 그 이상은 물어뜯거나 난폭하게 굴거나 심한 경우에는 발톱깎이를 보자마자 도망치는 고양이도 있다.

발톱을 깎을 때는 고양이를 꽉 누르지 않아야 한다. 고양이는 발톱이 잘리는 것보다 구속당하는 데 공포를 느끼고 점점 더 발톱 깎는 것을 싫어하게 된다. '무슨 일이 있어도 자르고야 말겠어!' 하는 의욕도 좋지 않다. 고양이에게는 그것이 살기와 공포로 다가오기 때문이다. 발톱을 자를 때 중요한 것은 느긋한 마음이다.

푹 잠든 고양이에게 슬쩍 다가가 민첩하게 자른다. 고양이가 눈을 뜬 순간 재빨리 손을 떼면서 시치미를 뗄 것! 그날은 그 정도로만 깎고 다음날도 똑같은 방식으로 몇 개 자른다. 이런 식으로 며칠에 걸쳐 깎으면 되는데, 이때 어느 쪽 발톱을 잘랐는지는 꼭 기억해야 한다. '어디까지 잘랐더라?' 하고 확인하고 있다가는 하나도 채 자르기 전에 고양이가 잠에서 깰 것이다. 고작 발톱 깎기지만 발톱 깎기씩이나 된다.

피가 통하는 부분을 알아본다

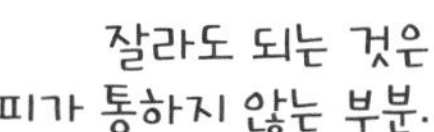

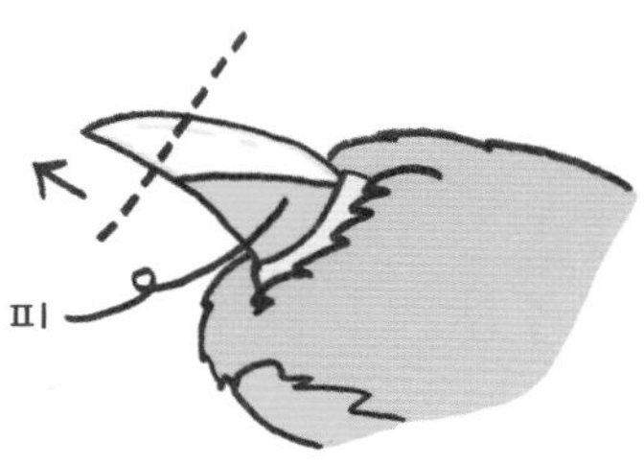

발톱을 자르기 싫어하는 고양이는……

잠들어 있는 고양이에게 살기를 누르고 다가간다.

고양이가 잠에서 깨면 모르는 척 발톱 자르는 작업은 중지.

다음 발톱 깎기를 위해 어느 발톱을 잘랐는지 기억할 것!

21 내 고양이에게 맞는 발톱깎이를 고르는 방법

아무리 반려인이 발톱을 잘 잘라줘도 고양이는 매일 스스로 발톱을 간다. 고양이의 발톱갈이는 본능이므로 꺾아주거나 야단쳐서 그만두게 할 수는 없다. 따라서 꼼꼼하게 발톱을 깎아주는 동시에 발톱갈이용 스크래처를 반드시 준비해야 한다. 스크래처가 없으면 가구나 벽에 발톱을 갈게 되므로 발톱도 상하고 집과 가구도 상한다.

펫샵이나 쇼핑몰에는 여러 타입의 스크래처를 파는데 되도록 집안에는 없는 소재로 된 것을 선택하는 것이 좋다. 가구와 똑같은 소재의 스크래처를 설치하면 고양이는 가구와 스크래처를 구별하지 못한다. 그렇다고 집에 없는 소재라면 뭐든 좋은 것만도 아니다. 고양이는 주변에서 가장 편하게 사용할 수 있는 것을 골라 발톱을 갈게 되므로 스크래처보다 소파의 질감을 더 편하게 느낀다면 소파에 발톱을 갈 것이다(고양이는 소파의 가격을 알지 못하니 잘못을 따지지는 말자).

이런 일을 예방하기 위해 '집안의 어떤 것보다 스크래처가 더 발톱을 갈기 편한 상황'을 만들어주면 된다. 고양이가 발톱을 가는 기분은 인간으로서는 알 수 없으니 몇 종류의 스크래처를 거치며 시행착오를 겪을 수밖에 없다. 돈은 좀 들겠지만 스크래처보다 비싼 가구를 지킬 수 있다면 그리 비싼 것도 아닐 것이다. 또 스크래처가 마모되면 새것으로 교체해야 한다. 마모된 스크래처보다 가구를 더 편하게 느끼게 되면 고양이는 가구에 발톱을 갈게 된다는 사실을 잊어서는 안 된다.

여러 가지 스크래처

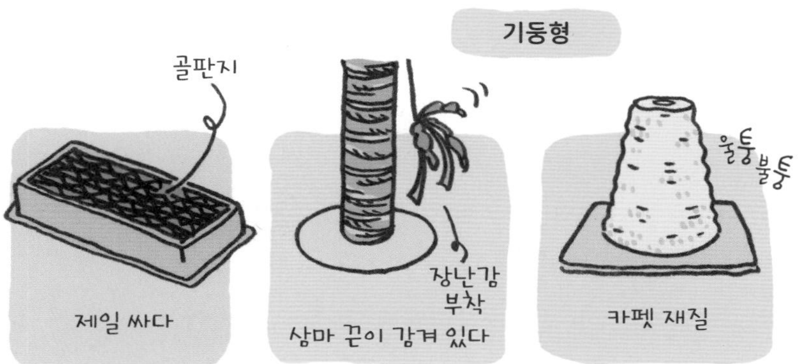

스크래처 선택 요령

① 집안에 없는 소재를 선택한다.

② 여러 가지를 사서 테스트해본다.

③ 낡아지면 바꾼다!

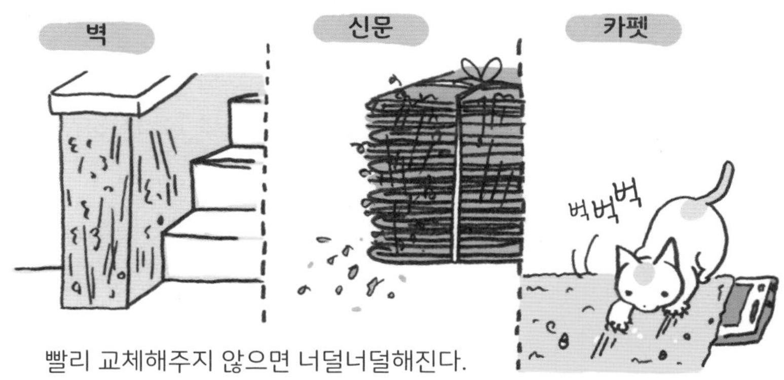

빨리 교체해주지 않으면 너덜너덜해진다.

그래도 가구에 발톱을 간다면?

스크래처를 사용하는데도 벽이나 가구를 발톱으로 긁는다면 어떻게 해야 할까? 분명하게 말할 수 있는 사실은 야단을 쳐봐야 소용없다는 것뿐이다. 반려인이 보는 데서는 안 할지 몰라도 반려인이 없으면 확실하게 박박 긁어준다. 교활해서가 아니라 '반려인이 있을 때는 하면 안 되는구나'라고 이해하기 때문이다.

그런 행동에 대처하려면 발톱을 갈지 않았으면 하는 곳에서는 발톱을 갈지 못하게 할 방법을 생각해야 한다. 장소에 따라서 '발톱갈이 금지시트'를 붙일 수 있는 곳과 없는 곳이 있으니 잘 연구해보자.

어렵게 생각할 필요 없다. 아무리 애를 써도 벽에 발톱을 긁는다면 그 벽 앞에 다른 물건을 놓으면 되고 등나무 가구에 발톱을 긁는다면 그 가구를 창고에 넣거나 처분하면 된다. 장판에 발톱을 간다면 바닥을 나무로 바꾸는 방법도 있다. 요컨대 물리적으로 발톱을 갈 수 없게 하는 방법을 생각하면 되는 것이다.

정신적인 대응책도 있다. '이 가구는 고양이의 스크래처 겸용이다'라고 발상을 전환하면 초조한 마음이 가라앉으면서 평온한 일상을 보낼 수 있을 것이다. '우리 집 고양이는 매우 비싼 스크래처를 사용한다'고 생각하는 대인배적인 도량이 풍요로운 삶을 실현시켜 반려인이나 고양이 모두 행복해질 수 있다.

고양이는 몸이 아프면 발톱을 갈지 않으므로 왕성한 발톱갈이는 건강하다는 증거이다. 그러니 고양이의 발톱갈이를 긍정적으로 받아들이는 것이 가장 좋은 해결책이 아닐까 한다.

발톱을 갈지 않았으면 하는 장소를 지키는 방법

발톱갈이 금지시트를 붙인다.
미끄러워서 발톱을 갈 수 없다.

물리적으로 접근하지
못하게 한다.

제거한다.
대신 스크래처를 둔다.

포기한다.

스크래처를 겸한 가구라고
발상을 전환한다.

22 벼룩에 대처하는 우리의 자세

기본적으로 벼룩은 밖에서 들어오므로 집고양이에게 기생할 확률은 낮지만, 절대로 기생하지 않는다고 단언할 수도 없다. 정원이 딸린 주택이라면 방범창을 통해 들어올 수도 있고, 신발에 묻어온 흙속에 숨어 있던 벼룩 알이 현관에서 번데기나 성충으로 자랄 수도 있다. 또 방목고양이라면 밖에서 옮아온 벼룩이 거주지에서 번식하는 일이 반복되기 때문에 근본적인 대책을 세우지 않는 이상 벼룩은 저절로 없어지지 않는다. 즉 집고양이라고 해도 가끔은 체크를 해야 하고, 방목고양이에게는 100% 벼룩이 있다고 보면 된다.

'고양이에게 벼룩이 있는 게 당연하지'라는 생각은 구시대적인 발상이다. 옛날에는 분명 고양이들에게 100% 벼룩이 있었고 반려인의 취미생활 중 하나가 벼룩잡기였던 시절도 있었다. 하지만 지금은 그런 태평한 말이 통하는 시대가 아니다. 밀폐도와 난방효과가 높은 현대의 주택에서는 1년 내내 벼룩이 대량 발생할 수 있기 때문이다.

벼룩은 고양이뿐만 아니라 사람의 피도 탐한다. 가려움만이면 괜찮겠지만 알레르기를 일으킬 수도 있고 내부 기생충인 조충이 생길 수도 있다. 청결을 지향하는 현대, 그것을 알고도 좋아할 사람이 있을까?

먼저 벼룩의 생태를 공부하고 확실한 예방과 대책을 고민한다면 벼룩이 대량 발생했을 때 적절한 대책을 강구할 수 있을 것이다.

벼룩의 생태연구

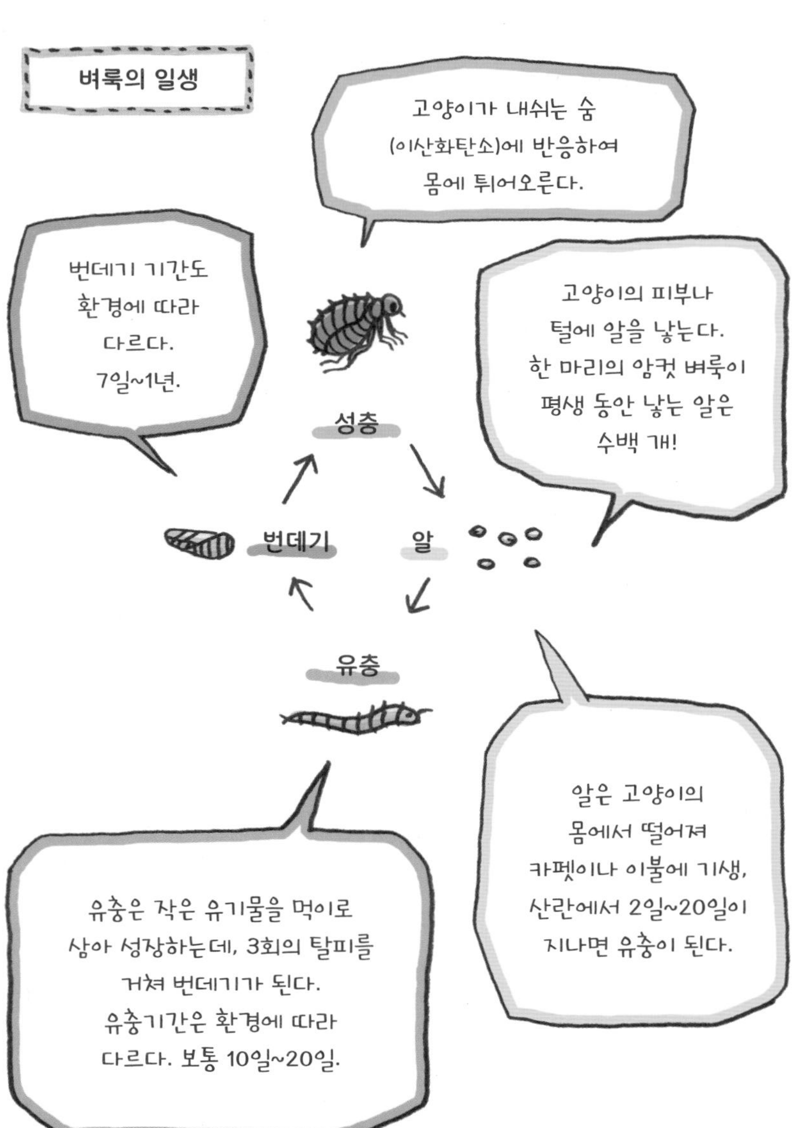
벼룩의 일생
고양이가 내쉬는 숨
(이산화탄소)에 반응하여
몸에 튀어오른다.
번데기 기간도
환경에 따라
다르다.
7일~1년.
고양이의 피부나
털에 알을 낳는다.
한 마리의 암컷 벼룩이
평생 동안 낳는 알은
수백 개!
성충
번데기
알
유충
유충은 작은 유기물을 먹이로
삼아 성장하는데, 3회의 탈피를
거쳐 번데기가 된다.
유충기간은 환경에 따라
다르다. 보통 10일~20일.
알은 고양이의
몸에서 떨어져
카펫이나 이불에 기생,
산란에서 2일~20일이
지나면 유충이 된다.

고양이 벼룩과 집안 벼룩을 동시에 없애려면?

벼룩의 알이나 번데기는 건조함, 저온, 고온 등에 강하고 질겨서 쉽게 죽지도 않는다. 조건이 나빠지면 숨을 죽이고 가만히 때를 기다리다가 조건이 맞으면 이때다 하고 튀어나온다. 유충은 사람과 고양이의 몸에서 매일같이 벗겨지는 미세한 피부 각질이나 벼룩의 똥 등을 먹기 때문에 집안 곳곳에는 항상 충분한 먹이가 있다.

고양이의 몸에서 벼룩을 한 마리라도 발견했다면 집안 어딘가에 이미 알이나 유충, 번데기가 있다고 봐도 무방하다. 그렇다면 벼룩구제가 고양이의 몸에 관한 문제만이 아님을 실감할 것이다. 따라서 반려인은 고양이의 벼룩구제와 집안의 벼룩구제를 동시에 생각해야 한다.

먼저 고양이 몸의 벼룩구제에 대해 살펴보자.

시판중인 벼룩퇴치 목걸이나 벼룩방지 목걸이로는 완벽한 효과를 기대하기 어려우므로 동물병원에 문의하는 것이 좋다. 산란 전의 성충을 없애는 약, 또는 알이나 유충의 생육을 막는 약이나 스프레이, 혹은 피부에 바르는 약을 처방해줄 것이다. 효과는 100% 확실하다.

또 집안 구석구석 꼼꼼하게 청소기를 돌린다. 청소기는 카펫이나 쿠션 속의 알이나 유충, 방구석이나 침대, 소파 아래의 먼지 속에 숨어 있는 번데기까지 흡입할 것이다. 따라서 청소가 끝날 때마다 필터도 밀봉한다. 기껏 청소기를 돌렸는데 필터 속에 벼룩이 기생한다면 헛수고만 한 셈이다. 이렇게 고양이 몸의 벼룩과 방에 있는 알, 유충, 번데기를 동시에 잡아야 완벽한 벼룩구제가 가능하므로 평소 청소를 꼼꼼하게 자주 하도록 한다.

고양이 몸의 벼룩구제와 방에 있는 알과 유충, 번데기 구제를 동시에 하는 것이 중요

고양이 몸의 벼룩구제는 동물병원에 의뢰한다. 시판 벼룩구제 목걸이는 일시적이다.

집안을 꼼꼼하게 청소기로 돌린다. 알도 유충도 번데기도 전부 흡수하자.

구석구석 편하게 청소기를 돌릴 수 있도록 집안정리를 잘 한다.

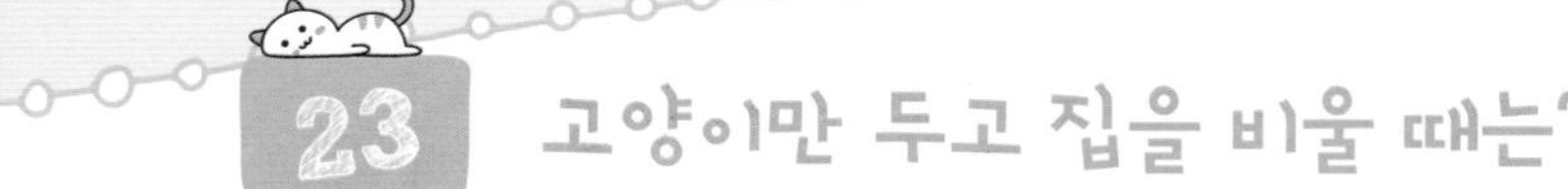

23 고양이만 두고 집을 비울 때는?

'고양이를 키우면 가족여행은 힘들다'며 포기하는 사람도 있는데 사실 그럴 필요는 없다. 사전준비와 약간의 요령으로 고양이를 빈집에 두고 갈 수 있다. 고양이 때문에 뭔가를 포기하거나 고양이를 키우는 자체가 부담으로 다가와서는 안 된다. 그런 마음이라면 언젠가는 결국 고양이 때문에 아무것도 못했다고 원망하게 될 것이다.

3일 정도는 고양이 혼자 집에 놔둬도 별 문제 없지만 신경 써서 준비해야 할 사항들이 있다. 먹이와 물, 화장실 그리고 실내온도 등이다.

먹이는 집을 비우는 날짜 분량만큼 꺼내놓는다. 여름에는 상하기 쉬우므로 캔은 특히 주의해야 한다. 보냉제가 달려 있는 6회 분량의 자동급식기를 이용하는 방법도 있다. 한 끼씩 뚜껑을 닫아놓고 각 뚜껑이 열리는 시간을 타이머로 조정할 수 있다. 건사료만 먹는 고양이도 자동급식기를 이용하면 냄새가 날아가지 않아 맛있게 먹을 수 있다.

물은 오염될 것을 예상하고 몇 군데 나눠서 담아두는 것이 좋다. 여러 마리의 경우에는 필수이다. 부재중에 사용할 화장실 총횟수를 예상해 화장실도 여러 개 준비한다.

그리고 쾌적한 잠자리를 마련해주면 된다. 여름에는 닫혀 있는 집의 온도나 습도를 고려해야 하는데, 특히 습도가 높아지면 최악의 사태가 일어날 수도 있으니 에어컨이나 제습기를 설정해둔다. 사전에 최고최저 온습도계로 부재중 에어컨 설정과 습도와 온도와의 관계를 알아둔다면 안심할 수 있을 것이다.

3일 정도라면 고양이 혼자 집에 둘 수 있다

충분한 먹이와 물을 준비한다. 품질을 유지하려면 자동급식기를 활용한다.

사용 총횟수에 부족하지 않도록 화장실을 준비한다.

여름에는 실온과 습도를 고려한다. 겨울에는 따뜻하게 잘 수 있도록 준비한다.

사람이 없으면 고양이는 의외로 잠만 잔다.
3일 정도는 걱정하지 않아도 된다.

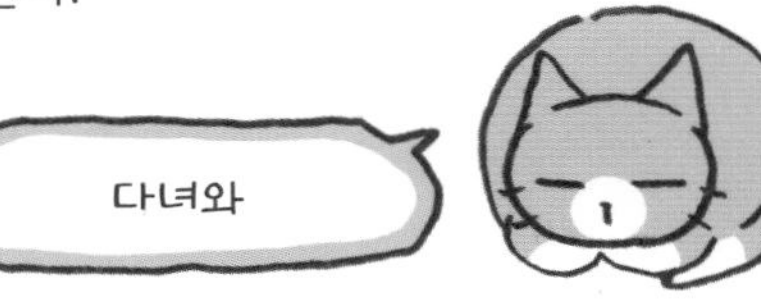

4일 이상 집을 비울 때는 도움을 받자

4일 이상 집을 비우는 경우라면 이론상으로는 고양이 혼자 둘 수 있겠지만 걱정스러운 것이 부모의 마음! 불안해서 여행을 즐길 수 없을 것이다. 모처럼의 여행을 마음 놓고 즐기기 위해서라도 다른 방법을 강구해보자.

동물병원이나 펫호텔에 맡기는 방법도 있지만, 고양이는 자기 영역 안에서 살고 싶어 하는 동물이므로 낯선 곳에 데려가면 싫어할 것이다. 그러니 고양이는 그냥 집에 있게 하고 돌봐줄 사람이 집에 오는 것이 고양이가 가장 스트레스를 덜 받는 방법이다.

반려인 대신 동물을 돌봐주는 펫시터는 매일 와서 필요한 만큼 돌봐준다. 단 사전에 신청해 약속을 잡아야 하고 고양이의 예방접종이 필수 조건이다. 집을 비울 계획이 정해지면 서로 조율이 필요하니 가능한 빨리 찾아보고 또 집 열쇠를 건네야 하므로 믿을 수 있는 사람이어야 할 것이다. 펫시터는 인터넷 광고 등을 통해 찾을 수 있다.

가까운 곳에 펫시터가 없을 경우에는 고양이를 좋아하는 친구에게 부탁하는 방법도 있다. 경우에 따라 다르겠지만 금전적인 보상을 하는 것이 서로 산뜻할 것이다. 보살필 내용을 메모하고 긴급 상황이 발생했을 때를 대비해 전화번호나 동물병원 전화번호 등도 남기는 것이 좋다. 고양이가 다니는 병원에 집을 비운다고 얘기해두면 더욱 안심이 될 것이다.

믿을 수 있는 친구가 있다는 것은 어떤 상황에서도 든든한 의지가 된다. 그러니 고양이에게만 전념하지 말고 인간관계에도 힘쓰도록 하자.

4일 이상 집을 비울 경우

동물병원이나 펫호텔에 맡길 경우 고양이의 성격을 파악할 필요가 있다.

펫시터에게 의뢰한다.
단 예방주사는 필수.
사전 약속도 필요.

친구에게 부탁한다.
필요한 것은 전부 메모해두고 긴급 상황 발생을 대비해 연락처를 남긴다.

24 고양이가 미아가 된다면?

영역을 만드는 동물인 고양이에게 그 영역은 '안심할 수 있는 장소'를 의미한다. 즉 영역 안에 있으면 안심할 수 있지만 영역 밖으로 나가면 불안을 느끼게 된다. 동물병원에 데려가거나 다른 이유로 밖에 데리고 나갈 때 이동장 안의 고양이가 울어대는 것은 영역 밖으로 끌려 나갔다는 불안함 때문이다. 만약 동물병원에 가는 도중 이동장의 문이 열려 고양이가 밖으로 나갔다면 고양이는 불안한 나머지 반려인이 부르는 소리는 완전히 무시하고 어디든 좋으니 몸을 숨길 수 있는 장소로 도망치려 할 것이다. 그것이 고양이의 습성이다.

순식간에 달아나 반려인의 시야에서 사라진 고양이는 곧 미아가 된다. 여행에 데려갔다가 비슷한 일이 발생할 수도 있다. 영역 감각이 아직 정착되지 않은 새끼고양이는 괜찮지만 익숙한 영역에서 성묘를 데리고 나갈 때는 항상 도주의 가능성을 생각해 이동장의 문은 확실하게 잠그고 쓸데없이 도중에 문을 열지 않아야 한다.

만약 미아가 됐다면 '도망친 장소에서 그렇게 멀리는 가지 않았다'고 생각하고 수색하도록 한다. 어딘가에서 불안해하고 두려움에 떨며 숨어 있을 테니, 사건현장을 중심으로 고양이가 웅크리고 있을 만한 장소를 중점적으로 찾는다. 고양이는 며칠씩 같은 장소에 웅크리고 있는 경우도 있을 만큼 의외로 오랫동안 꼼짝 않고 숨어 있는 동물이다.

고양이를 발견하면 즉각 이동장에 넣도록 한다. 안고 돌아가다가는 또다시 도망칠지도 모른다.

낯선 곳에 있다는 불안함이 고양이를 미아로 만든다

고양이는 영역 밖에 있으면 불안과 공포를 느낀다.

일단 어디든 몸을 숨기려고 도망친다. 당황하기 때문에 반려인에게 의지하려 하지 않는다.

무서워서 움직일 수 없다.

이것이 고양이가 미아가 되는 이유.

고양이는 자기 집에서 도망치지 않는다

간혹 집고양이가 열려 있는 창문을 통해 집을 나가는 경우가 있다. 이럴 때 사람들은 '고양이가 도망쳤다'고 하는데, 자기 영역이자 가장 안심할 수 있는 장소인 집에서 고양이가 도망칠 이유는 없다. '도망쳤다'는 표현은 고양이를 집에서 키우는 것을 '가둬둔다'고 인식하기 때문이다. '가둬둔다'고 생각하기 때문에 '도망쳤다'는 말이 나오는 것이고, '도망쳤다'고 생각하기 때문에 멀리 찾아나서게 되는 것이다.

하지만 고양이는 도망친 것이 아니므로 멀리 가지도 않는다. 한걸음 밖으로 나선 순간 이미 영역 밖에 있다는 것을 깨닫고 '어딘가 몸을 숨겨야겠어!' 하며 가까운 곳에 숨어버린다. 그러니 나간 장소를 중심으로 고양이가 숨어 있을 만한 곳을 찾아보면 100%라고 해도 좋을 만큼 찾을 수 있을 것이다.

집고양이에게 창문이나 문은 영역의 경계선이다. 그 안과 밖에서 고양이의 심리는 크게 달라진다. 안에 있을 때는 안심하고 있기 때문에 '잠깐 나가볼까' 하는 생각을 한다. 특히 호기심이 왕성한 어린 고양이일수록 이런 경향이 짙다. 하지만 한걸음 밖으로 내디딘 순간 불안해지고 어쩔 줄 몰라 당황하는 것이 고양이의 영역 감각이다.

다시 말하지만 고양이는 자기 영역이자 다정한 반려인이 있는 집에서 도망치고 싶다는 생각 같은 건 하지 않는다. 창밖을 바라보는 이유는 자유로워지고 싶어서가 아니라 영역 밖을 감시하기 위해서이다. 고양이의 이런 심리를 제대로 안다면 이런 상황이 닥쳐도 정확히 대처할 수 있을 것이다.

집고양이는 갇혀 있는 것이 아니다

고양이가 창밖을 바라본다고 해서 나가고 싶어 하는 건 아니다. 감시를 하는 것뿐!

하지만 열려 있으면 '잠깐 나가 볼까?'하는 생각을 한다. 어릴수록 그런 경향이 있다.

그러나 밖으로 나간 순간 불안해진다. 도망친 게 아니므로 멀리 도주하지 않고 반드시 근처에 있다.

25 정말 잃어버렸을 때의 대처방법

하지만 어떤 경우에는 정말 미아가 되기도 한다. 사건현장이 사람들이 많은 인파 속이거나 숨을 곳이 없는 광장이라면 어디로 튈지 알 수 없다. 그 와중에 차에 부딪칠 뻔이라도 한다면 패닉상태가 되어 더 정신없이 달리다가 진짜 미아가 될 수 있다.

집에서 나간 경우에도 차에 놀라거나 했다면 멀리까지 도망치기도 한다. 이렇게 되면 누군가 보호하고 있을 경우, 불행하게도 교통사고를 당했을 경우, 계속 떠돌아다닐 경우 등 여러 가지 가능성을 상상하고 수색해야 한다.

일단 가까운 동물병원이나 동물보호소에 전화를 해서 해당 고양이가 포획되지 않았는지 확인하는 한편 비슷한 고양이가 포획되면 연락해달라고 부탁한다.

또 보호하고 있거나 소식을 아는 사람이 있을 수도 있으므로 전단지를 만들어 여기저기 붙인다.

찾지 못했을 때의 비참함과 슬픔과 자기혐오는 상상을 초월한다. 그러니 '반드시 찾겠다'는 의지와 믿음을 가지고 행동하는 것이 중요하다.

정말 미아가 됐다면

동물보호소와 동물병원에 문의한다.
동물보호소의 연락처는 인터넷 또는 동물 협회에 물어보면 알 수 있다.

전단지를 붙인다. 고양이의 특징, 연락처를 반드시 적는다.
단 연락처 노출에는 주의할 것.

드물지만 펫탐정에게 의뢰하는 방법도 있다.
아무튼 반드시 찾겠다는 의지가 중요하다.

미아방지표 혹은 마이크로칩의 필요성

이런 사태를 대비해 고양이에게 미아방지표를 달아두면 반려인은 보다 안심할 수 있다. 집고양이는 집에서 한걸음만 나가도 미아가 될 수 있으니 가능한 미아방지표를 달아두는 게 좋다. 하지만 목걸이를 싫어하는 고양이도 있고, 노령 고양이는 목걸이 때문에 목의 털이 빠지기도 한다. 이런 고양이는 동물병원에 데려가거나 이사 등으로 밖에 데려갈 때만이라도 미아방지표를 달아주도록 한다.

그래도 지진이나 화재 등의 재해 상황을 생각하면 걱정거리는 남아 있다. 미처 데리고 피하지 못했는데 집은 붕괴하고 고양이가 어디로 가버렸는지 알 수 없다면……?

우리는 지금 반려동물에게 마이크로칩의 장착을 고려해야 하는 시대에 와 있다. 마이크로칩은 피부 속에 심는 초소형 IC칩으로, 직경 2mm, 길이는 11~13mm의 생체 유리에 봉입되어 있다. 이 칩은 주사기를 통해 몸속에 주입시키는데, 전용 리더기로 읽어낸 번호를 등록기관에 보존한 데이터와 대조하는 방식이다. 목걸이처럼 벗길 수 없으니 영구적이면서도 확실한 개체식별법이다. 이식을 원한다면 동물병원에 의뢰하도록 한다.

몸속에 이물질을 주입시킨다는 사실에 거부감을 느낄 수도 있지만 동물원이나 연구기관에서는 이미 확실한 개체인식법으로 보급되어 있다.

무슨 일이 있어도 내 고양이를 끝까지 책임지고 싶다면 마이크로칩 장착을 고려해보자.

방목고양이에게는 미아방지표를 달아둔다

반려인이 있는 고양이라는 사실을 남들이 알게 하는 것도 중요.

집고양이를 밖에 데리고 나갈 때는 미아방지표를 달아둔다. 위기 시 큰 도움이 된다.

가장 확실한 것은 마이크로칩,

큰 재해가 일어나 헤어진다 해도 반드시 반려인과 만날 수 있다.

26 이사할 때도 우선순위가 있다

'개는 사람을 따르고 고양이는 집을 따른다'는 속설이 있지만 그런 걱정은 전혀 할 필요가 없다. 고양이가 집을 따르던 것은 옛날 이야기이고 현대의 고양이는 단연코 '사람을 따른다'. 고양이에게 가장 중요한 것은 반려인이지 집이 아니므로 반려인이 가는 곳이면 어디든 간다.

고양이를 데리고 이사할 때 제일 먼저 고려할 것은 그 순서이다. 이 순서에는 이사작업을 하는 동안 고양이를 어떻게 할지 언제 고양이를 이동시킬지가 포함된다.

집고양이는 이사 작업 동안 창문이나 현관을 열어둔 채 낯선 사람들이 출입하면 공포심을 느끼고 도망칠 수도 있고 방목하는 경우라면 막상 출발하려는 순간 고양이가 보이지 않을 수도 있다.

그러니 이사 당일 이사준비로 낯선 사람들이 집에 들어오기 전에 방 하나를 비워두고 출발할 때까지 그곳에 있게 한다. 만약의 경우를 위해 케이지나 이동장에 넣어두는 것도 좋은데, 그러려면 방에 이동장을 미리 놔둬서 익숙해지게 해야 한다. 고양이가 항상 사용하던 수건이나 담요 등을 안에 깔아두면 자기 냄새가 나므로 안심할 것이다.

이사 가는 곳이 가까운 경우에는 이사가 끝날 때까지 동물병원에 맡겨두는 방법도 있다.

고양이의 성격이나 이사 상황에 따라 적절한 방법이 다르겠지만, 당일이 되어서야 고양이를 어떻게 할지 생각한다면 준비성 부족이다. 실패할 확률도 있으니 사전에 순서를 정해 미리미리 준비하도록 한다.

왜 고양이는 집을 따른다고 하는가?

옛날에 고양이는 집 안팎에서 쥐를 잡아 먹었다.

고양이에게 집은 익숙한 사냥터였다. 이사를 가면 새 사냥터를 만들기보다 옛 사냥터로 돌아가고 싶어 하는 고양이도 있었을 것이다.

현대의 고양이는 모든 먹이를 반려인에게 의지하고 있다. 따라서 반려인이 있는 곳이 고양이가 있을 곳.

주인이 버리고 가면 고양이는 길거리를 헤맬 수밖에 없다.

새 집에 도착하면 이렇게!

새집에 도착하면 이사작업 때와 반대의 순서대로 더듬어나가면 된다. 즉 일단 방에 고양이를 가둔 뒤 가구 등을 반입하고, 작업이 끝나 낯선 사람들이 사라지면 고양이를 방에서 나오게 한다.

무서워하며 나오지 않으려 하면 방문을 열어둔 채 지켜본다. 시간이 지나면 스스로 나와서 집안 곳곳을 탐색하기 시작할 것이다. 탐색이 시작되면 자유롭게 하고 싶은 대로 내버려둔다. 그것이 고양이가 새로운 환경에 익숙해지는 가장 좋은 방법이다.

이사는 방목고양이를 집고양이로 만들 수 있는 절호의 찬스이다. 이 기회를 놓친다면 땅을 치고 후회할 것이다(4장 참조).

고양이가 집안 곳곳을 돌아다니며 탐색하는 것은 새로운 환경이 안전한지 확인하는 작업이다. 그것은 '새 영역'을 만들기 위한 과정이기도 하다. 안전을 확신할 수 있는 장소, 그것이 바로 새 영역이다. 방목했던 고양이를 절대로 밖에 내놓지 않으면 새 영역은 오직 집안이 될 것이다. 고양이에게는 필요한 조건을 갖추고 있는지가 중요할 뿐 결코 넓은 영역을 필요로 하지 않으므로 '밖에서 살던 고양이니까 계속 밖에 나가고 싶어 한다'는 말은 결코 사실이 아니다.

마지막으로 새로운 환경에 고양이가 빨리 익숙해지게 하려면 가족들이 평소처럼 행동해야 한다. 반려인의 신경이 날카롭게 곤두서 있으면 고양이도 예민해진다. 그러니 똑같은 분위기를 만들도록 한다.

이사 순서

① 고양이를 어떻게 목적지까지 옮길지 생각한다

요금이나 조건 등을 미리 알아보자.

② 이사 당일 순서를 생각한다

언제 고양이를 케이지에 넣어
어디에 놔두고 언제 데려갈지
생각한다.

수건으로 덮어서
낯선 환경을 차단해준다.

고양이를 이동시키는 방법

기차에 태워 데려간다

차에 탄 후 고양이를 캐리어 안에서 꺼내서는 안 된다. 무릎 위에 올려두면 요동이 적다.

버스로 데려간다

고속버스나 지하철은 이동장을 이용한 탑승은 가능하지만 승객 또는 기사분이 거절할 수도 있다.

배에 태울 수도 있지만 가능한 수송시간이 짧은 방법을 택하는 것이 안전.

비행기에 태운다(국내)

사람과 함께 타는 경우 수하물로 취급하여 화물칸에 실리는데, 화물칸은 객석과 같은 공간. 튼튼한 케이지를 대여한다. 당일 신청할 수 있지만 개수에 제한이 있으므로 요금을 포함해 미리 알아두는 것이 좋다.

고양이만 화물로 수송할 수도 있다. 계약서는 무조건 쓴다. 계약서 양식은 인터넷에서 다운로드 받을 수 있다.

펫 전문 수송업자도 있다. 단 고양이의 건강을 생각한다면 장거리는 이용하지 않는 것이 좋다.

27 고양이를 더 입양할 때는 기존 고양이의 성격을 고려하자

앞에서 여러 마리의 고양이를 키우고 싶다면 도중에 늘리지 말고 처음부터 함께 키우는 것이 좋다고 말했다. 하지만 사정이 생겨 어쩔 수 없이 새 고양이를 받아들이는 경우가 있다. 그때 우선적으로 생각할 것은 새끼 시절의 환경이다. 사회화기(생후 2주~7주)에 고양이와 접촉이 없었다면 다른 고양이와 잘 지내지 못할 확률이 높다.

그래서 혹시 테스트 기간을 마련해 며칠간 살펴보고 도저히 안 되겠다 싶으면 돌려보낼 수 있는지 미리 의견을 조율하는 것이 좋다. 처음 대면한 고양이들은 하악거리며 싸우는 경우가 많으니 고양이 사육에 익숙한 사람에게 동석을 부탁해보도록 한다.

하지만 업둥이를 입양하는 경우처럼 새끼 시절의 환경을 모르지만 받아들일 수밖에 없는 상황이라면 일단 만나게 해보는 수밖에 없다. 서로의 관계를 지켜보면서 강요하지 말고 고양이들에게 맡기도록 한다.

고양이들은 함께 뒤엉켜 자는 날이 있는가 하면 서로 위협하며 싸우는 날도 있다. 흔히 말하는 인간 세계의 좋은 사이의 잣대로 판단할 수 없는 이유가 평소와 똑같이 좋은 사이도 있고, 가까이 있지만 달라붙지는 않는 좋은 사이도 있기 때문이다. 반대로 사이가 좋아 보이지만 실제로는 서로를 무시하는 관계도 있다. 따라서 반려인의 고집을 밀어붙이지 말고 고양이가 어떻게 하고 싶은지 파악하고 도와주는 것이 현명하다.

새 고양이를 늘릴 때는

새 고양이와 금방 친해져 노는 고양이도 있다. 특히 새끼고양이의 경우.

처음에는 위협하지만 점점 사이가 좋아지는 경우도 있다.
바로 격리하지 말고 옆에서 살펴본다.

단 심각한 상황이 되면
도망칠 장소를 만들어둔다.

10살이 넘도록 혼자였던 고양이에게는
새 동료를 늘리지 않는 것이 무난하다.
귀찮아 할 가능성이 크다.

공포심이 강한 고양이에게는 어떻게 대처할까?

버림받은 고양이를 보호하고 새 동료로 받아들이게 하고 싶다면 기존 고양이와의 성격이나 궁합 등을 고려해 타협봐야 한다.

신참 고양이가 겁먹고 있는 것 같다면 커다란 케이지를 준비해 일단 그 안에서 살게 한다. 자기만의 장소가 있으면 안심하는 고양이에게 그 안도감은 새로운 환경에 순응하는 데 도움이 될 것이다. 이때 기존 고양이와는 케이지 너머로 시간을 보내며 차차 익숙해지게 한다.

신참 고양이가 익숙해질 때까지 반려인은 고양이의 눈을 똑바로 응시하지 않도록 조심한다. 인간 사회와 마찬가지로 고양이의 세계에서도 '낯선 이의 눈을 똑바로 쳐다보는 것은 적의의 표현'이다. 아무리 애정을 담아 쳐다봐도 고양이는 겁을 먹으니 고양이와 눈을 마주치지 않도록 조심하면서도 고양이의 모습을 면밀히 체크하는 용의주도함 또한 잊어서는 안 된다.

또 신참 고양이 주변에서는 항상 무관심한 척한다. 고양이뿐만 아니라 육감이 뛰어난 동물들은 사람의 관심을 민감하게 감지하는데, 그것을 '살기'로 판단하고 긴장하게 된다. 아무리 익숙해진 고양이라도 약을 먹일 생각으로 쳐다본 순간 도망친다면 이 역시 살기로 감지했기 때문이다.

신참 고양이 근처에서는 아주 천천히 그리고 '너한테 관심 없는데!?' 하는 분위기로 행동해야 한다. 케이지 근처에 앉아 고양이 쪽은 쳐다보지 않고 멍하니 있거나 낮잠을 자는 것도 좋은 방법이다. 사람이 공기 같은 존재가 되면서 신참 고양이는 안정을 취할 수 있다. 이렇게 긴장이 풀어진 편안한 분위기에서 고양이들끼리 만난다면 좋은 관계가 형성될 것이다.

공포심이 강한 고양이를 입양할 경우 주의할 점

일단 케이지 안에 살게 한다.

케이지 옆에서 사람이 편안한 분위기를 만든다.
그 분위기에서 고참 고양이와 대면시키는 것이 중요하다.

익숙해진 것 같으면 신참 고양이를 케이지에서 꺼내본다. 상황이 안 좋아지면 신참 고양이가 케이지 안으로 도망칠 수 있도록 해둔다.

요상한 얼굴 사진관 part. 2
얍! 이 아니라
하품이다 .
나도 따라서
후아암--!
나도 하품이라니까!!

3장

내 고양이와 풍요로운 유대관계를 맺는 방법

이 장에서는 고양이와 반려인이 스트레스 없이 풍요로운 유대감을 맺고 즐겁게 교감을 주고받으며 쾌적하게 살 수 있도록 습관을 들이는 방법부터 놀이나 스킨십의 중요성까지 재확인한다.

28 고양이를 길들이는 것은 두뇌싸움이다

고양이와 개의 훈련에는 기본적인 차이가 있다. 반려인을 무리의 리더로 생각하는 개는 반려인의 기쁨을 자신의 기쁨으로 느끼고, 칭찬받기를 좋아해서 칭찬받을 일을 계속 하고 싶어 한다. 때문에 개는 칭찬과 리더쉽을 보여줌으로서 훈련이 가능하다.

하지만 단독생활자인 고양이에게는 리더라는 인식이 없고 리더에게 칭찬받고 싶다는 생각도 하지 않는다. 칭찬을 받으면 단순히 '나를 귀여워하고 있구나'라고 생각하고, 야단을 맞으면 '이 사람은 위험하다'고 생각한다. 그런 고양이에게 해서는 안 될 일을 가르치려면 연구에 연구를 거듭할 수밖에 없다.

그렇다면 어떤 방법을 써야 할까? 그것은 각 가정의 상황이나 고양이의 성격에 따라 다르므로 반려인은 인내심 있게 지혜를 총동원하고 시행착오를 거치며 해결책을 짜낼 수밖에 없다. '이렇게 하면 되겠지'라고 생각했는데 통하지 않았다면 다른 방법을 생각한다. 그래도 안 된다면 또 다른 방법을 생각한다. 고양이의 훈련은 고양이와의 두뇌게임이라고 해도 과언이 아니다. 그 게임을 즐기겠다는 각오가 없다면 매번 좌절을 겪게 되고 짜증이 나서 그만두고 싶을 것이다.

따라서 고양이의 훈련을 '두뇌게임'이라고 받아들이고 게임을 한다는 생각으로 다른 방법을 강구해나간다면 고양이의 훈련에 즐겁게 임할 수 있을 것이다. 고민, 시행착오, 집념 그리고 그것을 즐기는 마음. 그것이 고양이를 훈련시키는 키포인트이다.

개와 고양이의 훈련, 그 차이

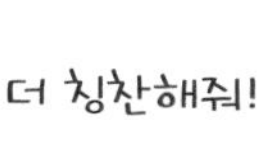

개는 반려인에게 칭찬받고 싶어 하므로 칭찬이 효과를 발휘한다.

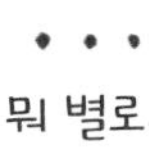

고양이는 반려인에게 칭찬받고 싶어 하지 않는다. 그저 하고 싶은 대로 할 뿐.

이 사람 위험해….

하면 안 될 일을 하지 않게 하려면 반려인이 머리를 쓰는 수밖에 없다.

고양이가 하지 말아주었으면 하는 것은 무엇인가?

그렇다면 어떤 방법을 써야 하는지가 문제인데, 그 전에 고양이가 하지 않았으면 하는 일이 무엇인지 생각해볼 필요가 있다. 개와 달리 고양이는 쓸데없이 짖지 못하게 한다든지 사람에게 달려들지 못하게 한다든지 '기다려'라는 말로 행동을 중단시킬 필요도 없고, 화장실 문제라면 적절한 화장실과 화장실 모래를 놔두면 알아서 가린다(15장 참조). 화장실 이외의 장소에서 실수를 한다면 나름대로 이유가 있을 것이므로 훈련과는 상관없다(16장 참조).

이렇게 따지면 고양에게 금지시켜야 할 것이 의외로 몇 가지 되지 않는 것을 알 수 있다. 가구나 벽을 발톱으로 긁지 않을 것, 식탁 등에 올라가지 않을 것, 특정 방에 들어가지 않을 것 정도이다.

발톱갈이는 고양이의 본능이므로 그만두게 할 수 없다. 가구나 벽에 발톱을 갈지 못하게 하려면 그 방법을 생각해보는 수밖에 없다는 내용은 앞에서 얘기했다(21장 참조). 남은 것은 올라가지 않았으면 하는 곳에 올라가지 못하게 하는 것, 들어가지 않았으면 하는 장소에 들어가지 않게 하는 것인데, 이런 추상적인 사항을 훈련으로 학습시키는 것은 무리이므로 못하게 하는 방법을 생각하는 것이 최선이다.

못 올라가게 하는 방법, 들어가지 못하게 하는 방법을 생각한 뒤 못 올라갈 상황이나 들어가지 못하는 상황을 계속 만들어주면 고양이는 신기하게도 '이곳은 올라가지 않는 곳' '여기는 들어가지 않는 곳'이라는 습관이 생긴다. 고양이는 한번 습관이 생기면 고지식할 정도로 그 습관을 지키므로 하지 않는 습관을 들이는 것이 바로 고양이의 훈련이다.

올라가면 안 될 곳에 올라가지 못하도록 하는 방법

- 올라가는 통로를 막는다.
- 올라갈 수 없을 만큼 물건을 많이 놔두는 것도 방법.
  고양이는 올라갈 장소가 없으면 올라가려 하지 않는다.

- 식탁에 뛰어오르려고 준비 자세를 할 때 큰소리를 내 중단시킨다. 그것을 반복한다.
- 사람이 벽처럼 식탁을 막고 지킨다.

들어가지 않았으면 하는 곳에 들어가지 못하도록

- 입구에 펜스 등을 설치한다.
- 고양이가 들어갈 수 없을 만큼 입구를 좁게 만든다.

그 다음은 머리를 쥐어짜내면서 시행착오를 거듭!

29 훈련은 커뮤니케이션이다

훈련은 고양이와의 두뇌게임이고, 훈련 과정은 고양이와의 커뮤니케이션이라고 할 수 있다. 고양이에게 뭔가를 못하게 하려면 고양이의 행동을 읽어내지 않고서는 불가능하다. 고안해낸 방법에 고양이가 새로운 행동으로 반응하면 거기에 대응해 또 다른 방법을 써본다. 이는 '이렇게 하면 안 되잖니?' '아니, 그러니까 이렇게 하는 거야!' '와, 그렇게 했어? 그럼 이건?' '그럼, 이렇게 하면 되겠네' 등 고양이와 대화를 나누는 것과 같다. 다양한 방법을 쓴다는 것 자체가 이미 고양이와 인간의 상호작용. 따라서 그것은 커뮤니케이션이 된다.

거듭 방법을 고민하는 과정에서 반려인은 고양이의 성격을 더 잘 파악하게 되고 의외의 능력을 발견할 수도 있다. 고양이의 개성을 발견할 수 있는 훈련이 즐겁지 않을 리가 없다. 이때 중요한 것은 좀처럼 효과가 나타나지 않더라도 결코 화를 내서는 안 된다는 것이다. 화를 낸다는 것은 고양이와의 두뇌게임에서 졌다는 뜻이다. 이런저런 방법마다 고양이가 타개책을 쓴다면 이는 고양이가 반려인과의 커뮤니케이션에 적극적으로 응하고 있다는 뜻이다. 응당 상대해줘야 할 것이다.

커뮤니케이션 끝에 마침내 해결책을 찾아냈을 때, 고양이의 얼굴에서는 그때까지 봐왔던 것과는 다른 뚜렷한 개성이 보일 것이다. 그것은 고양이와 인간 사이에 사랑으로 맺어진 유대감이다. 과장된 표현일지는 몰라도 공동 작업을 함께해냈을 때 맛보는 유대감과도 비슷하다. 그것은 매우 행복한 경험일 것이다.

훈련은 즐거운 커뮤니케이션

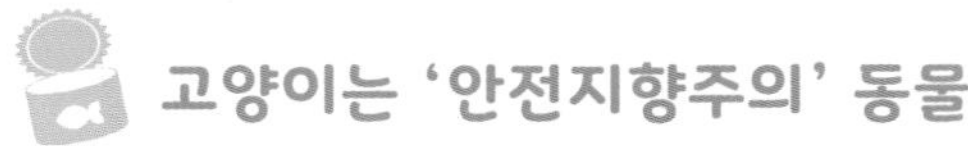

고양이는 '안전지향주의' 동물

28장에서 '고양이의 행동은 습관화되기 쉽고, 한번 습관이 생기면 고지식할 정도로 그 습관을 지킨다'고 했는데, 그것은 고양이가 '안전지향주의'이기 때문이다. 즉 한 번 했던 일이 안전하고 아무 문제가 없다면 다음에도 똑같은 방법을 취한다. 야생의 본능이 그것을 안전한 방법으로 판단했기 때문이다. 그리고 그 안전이 위협받지 않는 한 똑같은 방식을 반복하므로 행동이 습관화되는 것처럼 보인다.

예를 들어 사람은 집에서 역까지 갈 때 '항상 똑같은 길을 가면 재미없으니 오늘은 다른 길로 가볼까?' 생각하지만 고양이는 그렇지 않다. 어제 지나갔을 때 안전했던 길이라면 오늘도 그 길을 지나가려 한다. 고양이는 결코 모험을 원하지 않는다. 그것은 몸을 지키는 일과 직결되기 때문이다.

그러다 평소 다니던 길에서 위험한 일을 당했다면 고양이는 위험을 피하기 위해 다른 길을 이용할 것이다. 그때는 두근두근 떨면서 지나갔는데 아무런 위험이 없었다면 다음날은 그 새로운 루트를 이용하기 시작한다. 어제의 길에서는 또 위험한 일을 당할지도 모르지만 새로운 루트라면 안전하다고 느낀다. 이것이 고양이의 안전지향주의이다.

야생동물은 모두 안전지향주의인데 고양이는 특히 그 본능이 강하므로 염두에 두고 훈련 방법을 짜는 것이 좋다. 고양이에게 새로운 습관을 들이려면 기존의 습관에 불편함을 만드는 동시에 불안하지 않은 대체방법도 경험하게 해야 한다. 대체방법을 2~3회 정도 문제없이 경험한다면 새로운 습관으로 정착될 것이다. 이것이 성공의 키포인트이다.

안전지향주의를 이용해 새로운 습관을 들이는 방법

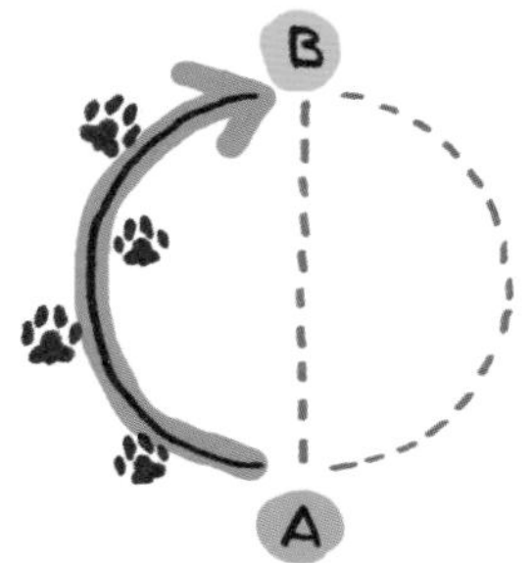

A 지점에서 B 지점으로 갈 때 고양이는 반드시 똑같은 루트를 통한다. 이것이 고양이의 안전지향주의.

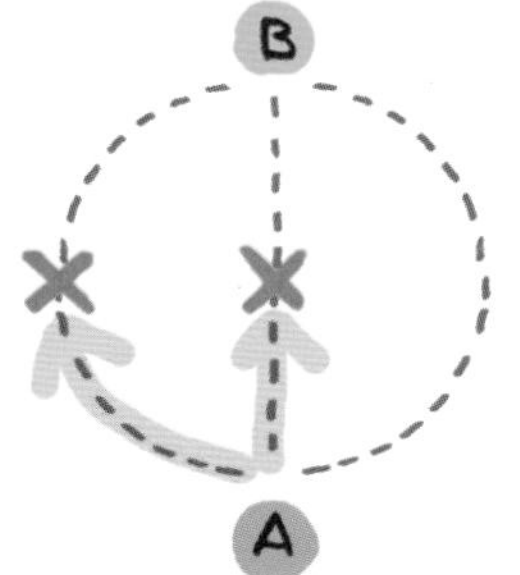

평소 지나가는 루트를 불편하게 만든다. 직선루트도 불편하게 만든다.

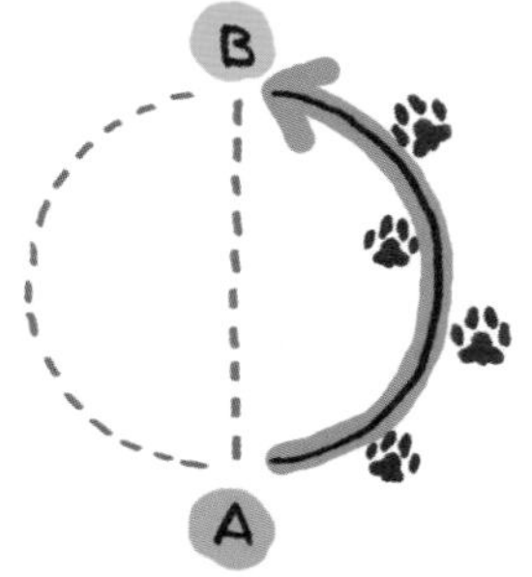

처음에는 할 수 없이 루트를 변경하지만 반복하는 과정에서 습관화가 된다. 나중에는 불편함이 없어져도 원래 루트로 돌아가지 않는다.

30 노는 것도 중요하다

고양이는 사냥본능을 갖고 태어난다. 눈이 보이기 시작할 때부터 손을 내밀어 움직이는 것을 잡으려는 것이 그 표현이다. 움직이는 것에 반응할 수밖에 없고 잡지 않을 수 없는 그 '충동'이 바로 사냥본능이다. 이 충동 때문에 고양이는 새끼 때부터 움직이는 것에 반응한다. 처음에는 잘 잡지 못하지만 놀이를 하면서 점점 능숙해지므로 본능적인 사냥충동이 있는 한 고양이는 어느새 사냥의 달인이 된다.

그렇다면 이 충동을 지배하는 것은 무엇일까? 그것은 만족이나 즐거움, 희열 같은 쾌감이다. 본능적인 충동이 만족되면 쾌감을 얻고 쾌감이 있기에 충동을 만족시키려고 행동한다. 간단히 말하면 '즐겁기 때문'이다.

즐겁기 때문에 새끼고양이는 움직이는 것에 손을 내밀고 성묘가 되어 실제로 사냥을 하는 것 역시 즐겁다. 집고양이라면 사냥할 필요는 없지만 본능적인 사냥충동을 충족시켜 주면 분명 즐거워할 것이다. 그렇다면 가정 내에서 사냥충동을 채울 수 있게 해주면 된다. 그것이 육식동물로서 이 세상에 태어난 고양이의 고품격 라이프일 것이다.

사냥충동을 만족시켜 주는 방법은 바로 놀이! 사냥을 할 때와 똑같은 동작이 가능한 유사사냥은 고양이에게 즐겁고 재미있는 놀이가 된다. 사냥을 흉내냄으로써 고양이는 지루하지 않고 활기찬 시간을 보낼 수 있다.

고양이는 사냥본능을 타고 난다

눈이 보이게 되면 움직이는 것을 쫓기 시작한다. 그것이 사냥본능.

반복하면서 다리와 허리가 단련되고 점점 능숙해진다.

어느새 사냥이 가능해진다. 야생에서는 이때가 부모에게서 독립하는 시기.

동물들은 살아가기 위해 필요한 기술을 놀이를 통해 습득한다.

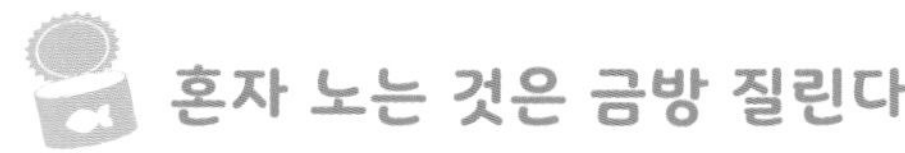

혼자 노는 것은 금방 질린다

고양이를 놀게 하려면 의외로 손이 간다. 고양이용 장난감을 주기만 해서 끝나는 게 아니기 때문이다. 고양이용 장난감은 고양이가 혼자 놀 수 있도록 고안된 도구이다. 펫샵에서는 다양한 고양이 장난감을 팔고 있는데, '이것만 주면 고양이가 질리지 않고 계속 논다'는 제품은 없다. 혼자 노는 데는 한계가 있기 때문에 언젠가는 질려서 쳐다보지도 않게 된다.

고양이의 놀이가 사냥기술을 습득하기 위한 준비훈련이라는 말은, 즉 놀이에 레벨업을 해줘야 한다는 뜻이다. 새끼고양이는 하루 종일 즐겁게 오뚝이 장난감을 쫓아다니지만 그것도 2~3일쯤 하다 보면 질리게 된다. 오뚝이 장난감을 쫓아다니는 동작을 마스터했기 때문이다. 그래서 이때쯤 되면 좀 더 난이도 높은 놀이가 아니고서는 재미를 느끼지 못한다. 그런 의미에서 혼자 갖고 노는 장난감만으로는 역부족일 때가 온다.

이럴 때는 어떻게 해야 할까? 가장 좋은 방법은 사람이 직접 '고양이 장난감'을 이용해 함께 놀아주는 것이다. 이렇게 하면 사람의 지혜와 노력으로 얼마든지 레벨업이 가능하므로 고양이가 어려운 스킬을 완수할 수 있다. 사람은 자유자재로 도구를 움직일 수 있다. 노리는 대상이 예측 불가능하게 움직이면 사냥본능을 자극받은 고양이는 더 즐겁게 놀 수 있을 것이다. 그런 식으로 조금씩 어려운 레벨에 도전하는 것이 고양이에게는 즐거운 놀이가 된다. 우리가 게임을 하며 즐길 때와 똑같다.

고양이 장난감은 두 가지가 있다

한 가지는 고양이가
맘대로 놀 수 있는 것.
혼자 놀기용.

단순한 움직임뿐이기 때문에
금방 질린다.
새끼고양이에게 적합하다.

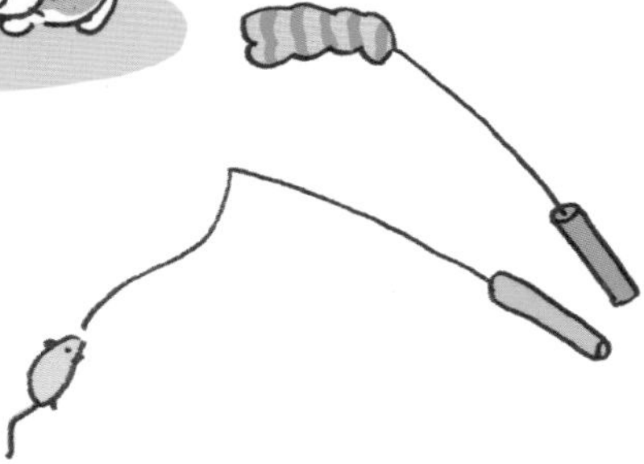

사람이 흔들어서 고양이를
놀게 해주는 도구.

얼마든지 변화가 가능하다.
움직임이 레벨업된
장난감이 고양이의 마음을
사로잡는다.

두근 두근 실룩 실룩

31 기본적인 놀이 방법

고양이 장난감에는 여러 가지가 있다. 일단은 고전적인 '막대 장난감'을 추천한다. 사람이 움직이기 때문에 사용방법도 다양한데 실제로 사용하기 전까지는 그 요령을 알 수 없다. 가격도 싸니까 일단 사서 시험해보자. 막대 장난감은 가격만 싼 게 아니라 가볍고 다루기도 쉽다. 스테디셀러 상품인 데에는 그만한 이유가 있는 것이다.

이 막대 장난감을 휘두르는 데에도 요령과 기본 팁이 있다. 그것은 바로 고양이가 사냥하려는 동물의 움직임과 가능한 비슷하게 휘두르는 것이다.

고양이의 사냥본능은 조상 대대로 사냥해온 동물의 움직임을 포착했을 때 촉발된다. 사냥감의 움직임이 본능적으로 각인되어 있는 것이다. 예를 들어 독수리나 곰 같은 동작을 한다면 고양이는 도망치게 되어 있다. 그것은 사냥감이 아닌 천적의 움직임으로 각인되어 있기 때문이다.

고양이의 사냥감으로 각인된 대표적인 동물은 쥐와 벌레, 도마뱀 등의 작은 동물이나 작은 새 등이다. 놀이의 기본요령은 이 동물들의 움직임을 막대 장난감으로 표현하는 것이다. 쥐라면 쥐, 벌레라면 벌레로 버전을 나눠 재현한다. 그러기 위해서는 각각의 사냥감이 어떻게 움직이는지 알아야 하므로 자연을 관찰할 필요도 있다. 사냥감의 움직임과 비슷하게 흔들수록 고양이의 흥미를 이끌어낼 것이다. 반려인과 고양이는 수렵본능을 최대한 끌어낸 유사사냥을 통해 즐거운 놀이가 가능하다. 이렇게 본다면 고양이를 놀게 하는 것은 동물행동학 그 자체라고 할 수 있다.

막대 장난감의 기본적인 사용방법

막대 장난감으로 사냥감의 움직임을 재현하는 것이 기본. 막대 장난감이 사냥감과 똑같이 생길 필요는 없다. 중요한 것은 움직임의 패턴이다.

고양이의 사냥감은 쥐, 벌레, 작은 새가 대표적

그 동물들이 어떻게 움직이는지 관찰하는 것도 중요.

사냥감의 마음으로 막대 장난감이 되어 보자

쥐는 쪼르르 움직이다가 멈추고 또다시 움직인다. 그리고 고양이가 있다는 것을 깨달으면 맹스피드로 도망가 구석으로 숨는다. 막대 장난감의 끝부분에 쥐의 마음을 담아 쥐가 됐다고 생각하고 움직이자. 처음에는 산책하듯이 여기저기 쪼르르쪼르르, 그러다 고양이에게 발견되면 필사적으로 도망쳐 구석이나 옷장 뒤에 숨도록 한다.

고양이는 도망치는 움직임에 강하게 반응한다. 즉 자신에게 멀어져가는 것을 쫓으려 하는 성질이 있다. 반대로 다가오는 것에는 당황한다. 포식자일 가능성이 있기 때문이다. 그리고 옷장 뒤에 숨어 힐끔힐끔 일부가 보일 때 더 강한 반응을 보인다. '지금 놓치면 끝장이야!'라고 생각하는 것 같다.

이런 것들을 인지한 후 막대 장난감으로 쥐를 연기한다. 고양이를 관찰하며 중간중간 움직임에 변화를 준다. 흥미를 잃는 것 같으면 갑자기 움직이다가 고양이가 막대 장난감에 달려들면 마구잡이로 움직이면서 속도를 내어 도망친다. 잡힐 듯 잡히지 않는 상황을 연출하면 고양이는 완전히 흥분해서 날뛸 것이다.

마지막으로 고양이에게 쥐를 잡게 해 한 타임의 게임을 종료한다. 그리고 새로 '산책하는 쥐'를 연기하며 2타임째를 개시한다. 그런 식으로 놀이가 게임화되면 쥐를 잡은 고양이가 '자, 또 해봐!'라는 듯 스타트 지점에서 대기하기도 한다. 만약 그렇게 됐다면 고양이는 '반려인과 놀면 재밌다'는 것을 깨우친 거라고 장담할 수 있다. 고양이는 반려인과 함께 노는 재미를 아는 것이다.

쥐가 된다

막대 끝의 꼬치 부분을 바닥에 기어가듯 움직이며 고양이에게서 멀어진다.

스피드에 변화를 주면서 지그재그로 움직인다.

고양이의 동공이 갑자기 커지면 뛰어오른다는 신호.

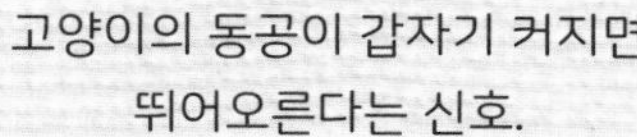

고양이가 뛰기 시작하면 맹스피드로 도망친다.

찔끔찔끔 보이던 것이 그늘로 들어간 순간 고양이가 달려올 가능성이 크다.

도마뱀이 된다

도마뱀이 되어보자.
풀숲을 바스락바스락
이리 갔다 저리 갔다 하는 모습을 재현.

이불 밑에 막대 장난감을 넣고
꼬물꼬물 걷게 한다.
일부러 소리를 내면 더 좋다.

고양이가 점프해서 이불 위에서
누른다면…….

이불 밑에서 필사적
으로 도망치는 도마
뱀을 재현. 이불 속에
서 힐끔 모습을 드러내
는 것도 좋다.

작은 새가 된다

다쳐서 날지 못하는 작은 새를 재현해보자.
고양이가 가장 흥분하는 시츄에이션.
낚싯대 타입의 막대 장난감 끝을 바닥에
대고 파닥파닥 큰 소리를 낸다.
날아오르려 하지만 날아가지 못하는
작은 새를 연기.

고양이가 덮치려는 순간
최후의 힘을 쥐어짜내
날아오르는 작은 새처럼
도망친다.

고양이는 잡으려고 점프할 것이다. 작은 새는 바닥에 착지.
고양이는 다시 작은 새를 노리고 새는 또 다시 힘겹게 날아오른다.
이렇게 고양이는 연속 점프.

32 독자적인 놀이를 개발하자

기본적인 놀이방법을 터득하면 고양이나 사람이나 질리지 않고 놀 수 있다. 그것은 고양이에 대한 이해로 이어지고 동시에 고양이도 사람을 이해하게 되므로 둘 사이의 유대감은 더욱 강해질 수밖에 없다.

유대감이 강해지면 그때부터 진짜 놀이가 시작된다. 각 가정 특유의, 혹은 특정 고양이와 사람 간의 독자적인 놀이를 만들어낼 수 있다. 고양이는 이미 사람과 노는 재미를 알았으므로 사람의 유혹에 적극적으로 응해올 것이다. 그러면 사람과 고양이는 자연스럽게 공동규칙을 만들며 놀이를 완성해간다. 그것은 신기한 경험일 것이다.

처음 그 계기를 만들어야 하는 쪽은 사람이다. 고양이의 성격을 알면 어떤 방법을 써야 고양이가 응해 올지 짐작할 수 있을 것이다. 시험 삼아 여러 가지를 시도해보고 응해 온다면 놀이를 점점 발전시키도록 한다. 이것은 놀이를 통한 사람과 고양이 간의 무언의 대화이므로 훌륭한 커뮤니케이션이다.

'고양이는 새끼 때밖에 놀지 않는다'는 생각은 옳지 않다. 야생의 경우 성묘가 되면 사는 것만으로도 벅차서 놀 시간이 없어지는 것뿐이다. 살 걱정이 없는 집고양이는 나이를 먹어 몸이 움직이지 않게 될 때까지 계속 잘 논다. 언제까지라도 놀 수 있는 여유가 바로 집고양이의 특권이다.

특권을 지켜주고 커뮤니케이션을 멈추지 않는 것은 짧은 듯 긴 집고양이의 인생에서 누릴 수 있는 가장 큰 행복일 것이며 죽을 때까지 서로의 마음이 통하는 유대감 속에서 살게 하는 것은 반려인이 줄 수 있는 최대한의 애정일 것이다.

우리 집의 오리지널 놀이

고양이의 눈앞에 종이를 구겨 놓는다.

캐치!!

에잇!!

고양이가 한손으로 휙 떨어뜨린다. 그러면 사람이 양손으로 잡는다.

한 손에 쥐고

으응

어느 손?

하고 내민다.

이쪽!!

고양이가 한쪽 손을 친다!

까르르

틀렸다~♪

고양이는 심각한 얼굴을 하고 있지만 사람은 겁나게 재밌다.

놀이 시간은 한 번에 15분이면 OK

'놀아줘야 하는데'라고 생각은 하는데 바빠서 시간을 낼 수 없는 사람도 있다. 하지만 고양이는 지속력이 없는 동물이므로 장시간 격렬한 움직임을 계속할 수 없다. 15분 정도 뛰어다니고 나면 숨이 차오르고, 피곤해서 드러누우면 눈꺼풀이 곧 내려앉을 것이다. 즉 1회당 15분가량 놀아주는 것으로 충분하다.

고양이가 금방 피곤해하는 것은 육식동물의 특성이다. 말이나 사슴 같은 초식동물은 적에게서 달려서 도망치기 때문에 오래 달릴 수 있는 지속력이 있다. 또한 언제나 주위를 경계하고 조금만 위험을 느껴도 무조건 달리고 본다. 계속 달리면 지속력이 없는 육식동물이 추격을 포기하리라는 것을 알기 때문이다. 하지만 초식동물을 사냥하는 육식동물은 뛰어난 순발력은 가졌지만 지속력이 없다. 이처럼 육식동물은 순발력으로 승부를 보고, 초식동물은 지속력으로 그에 대항한다.

육식동물 중에서도 특히 이런 특징이 강한 고양이에게 순발력을 요하는 놀이를 하게 되면 15분이면 뻗을 것이다. 요컨대 1회 15분의 놀이를 하루에 1~2회, 규칙적으로 놀아주면 고양이는 충분히 만족한다. 잠깐의 휴식시간을 할애해 고양이와 놀아주는 게 크게 어려운 일은 아닐 것이다.

놀이가 하루 일과가 되면 고양이는 '이제 곧 놀이시간 아냐?'라는 얼굴로 먼저 유혹해오기도 한다. 장난감을 입에 물고 오거나 놀이시작 지점에서 대기하는 고양이도 있다. 이 또한 즐겁지 아니한가?

다양한 놀이방식

벽에 회중전등 불빛을 대고
움직인다.

집안에서 술래잡기.
고양이는 능숙하게 숨어서
기다린다.

구겨진 종이나 작은 공을 던진다.
가져오게 하는 것도 좋다.
능숙하게 받는 고양이도 있다.

단순한 술래잡기도 의외로 재밌다.

33 스킨십도 건강관리의 일환

고양이를 안는다. 고양이를 쓰다듬는다. 부드럽고 따뜻한 손길에 골골골 목을 울리며 천천히 고개를 치켜드는 고양이. 생각만으로도 형용할 수 없이 행복한 시간이다. 많은 사람들이 이 스킨십이야말로 고양이를 키우는 보람이자 희열이라고 생각한다.

스킨십은 사랑이다. 사랑은 평온을 가져와 몸도 마음도 이완된다. 원래 포유류는 스킨십을 하면 안정을 찾도록 만들어졌다. 포유류의 새끼는 어미가 몸을 핥아주거나 밀착하거나 안아주면 안심하고 이완된다. 그러면 혈압이나 맥박이 내려가고 소화액과 성장호르몬의 분비가 촉진된다. 즉 심신의 산뜻한 성장이 이루어진다. 극단적인 표현이지만 아무리 먹을 것이 풍족해도 스킨십 없이는 건강한 성장을 기대하기 어렵다고 할 수 있다.

스킨십을 통한 애정표현으로 얻는 평온과 안정은 어른이 되어서도 마찬가지이다. 때문에 사람은 고양이를 안으면 행복해지고 고양이도 같은 이유로 행복을 느끼며 양쪽 모두 혈압과 맥박이 내려가고 몸이 이완된다. 그것은 곧 사람과 고양이의 건강에 기여한다.

반려인은 이런 스킨십을 통해 고양이의 건강에도 힘써야 한다. 매일 고양이의 몸을 안고 만지다 보면 체중변화나 상처, 통증이 생기는 즉시 알 수 있다. 몸의 이상을 조기에 확인하고 감지할 수 있는 중요한 척도가 바로 스킨십인 것이다. 이때 반려인은 행복한 시간을 누리면서도 약간의 신경 안테나를 세우는 것을 잊지 않도록 하자.

안기기 싫어하는 고양이에 대한 스킨십

안기기 싫어하는 고양이는
사람이 만지는 것을 싫어한다.

하지만 자신이 사람을 만지는
데는 거부감이 없다.

고양이가 다가와도 손을 내밀지 않는
다. 하고 싶은 대로 하게 내버려둔다.

단순한 '방석'이 되어 있
으면, 무릎에 올라오기
도 한다. 깊이 잠들면 살
짝 만져보자.

그러다 보면 조금씩
익숙해진다.

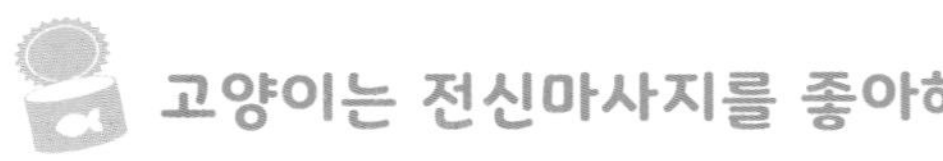

고양이는 전신마사지를 좋아해

고양이와의 스킨십 타임에는 전신마사지를 해주는 것을 잊지 말자! 급소는 어떡하지……? 하는 너무 어려운 생각은 하지 않아도 된다. 내가 받을 때 기분 좋은 곳, 그 부위를 마사지하면 된다. 고양이가 기분 좋은 얼굴을 한다면 거기가 바로 마사지 부위이다. 급소는 기본적으로 우리 인간과 똑같으니 건드리지 않도록 한다.

우선 얼굴을 털의 방향을 따라 손가락으로 부드럽게 쓰다듬는다. 고양이가 '좀 더'라는 표정을 한다면 그곳을 중점적으로 해준다. 안와眼窩의 테두리를 정성어린 손길로 지압하는 것도 좋다. 우리도 여기를 지압하면 기분이 좋아지는데 고양이 역시 좋은 기분을 느낀다.

얼굴 마사지가 끝나면 이마의 중앙에서 두정부에 걸쳐 지압한다. 두개골이 힘줄처럼 솟아오른 곳이 있는데 그곳을 손가락으로 살살 눌러준다. 고양이는 '꽤 하는데?'하는 표정을 할 것이다.

다음은 목에서 등에 걸쳐 마사지하고 좌우 견갑골 사이, 그리고 앞다리와 뒷다리를 부드럽게 잡고 마사지한다. 그중 견갑골 사이를 상당히 좋아하는 듯 보이는데, '건강해져라~'는 생각으로 마사지하는 것이 요령이라면 요령이다.

마지막으로 반려인의 무릎에 배를 보이도록 눕힌 다음, 손바닥 전체를 사용해서 원을 그리듯이 배를 시계방향으로 마사지한다. 장의 내용물이 움직이는 방향이기 때문에 변비 증세가 있는 고양이에게 꽤 효과가 좋다. 변비증세가 없더라도 틀림없이 '기분 좋아~' 하는 얼굴이 될 것이다.

스킨십의 이완 효과에 마사지까지, 즐겁고 행복한 건강증진법이다.

능숙한 마사지 방법

얼굴을 털 방향을 따라 손끝으로 쓰다듬는다.

이마 중앙에서 정수리 부분에 걸쳐 지압.

목에서 등까지 마사지.
견갑골 사이의 지압은 상당히 좋아한다.

손과 발은 부드럽게 쥔다.

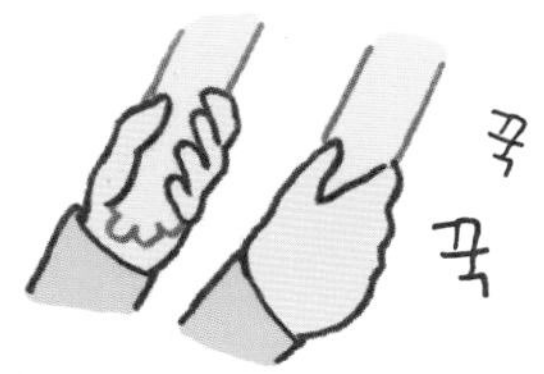

무릎 위에 올려놓고
배를 시계방향으로 마사지.

34 펫감염증에 대한 지식

반려동물과 같이 살며 한 침대에서 지내는 현대인이라면 펫감염증의 지식을 익혀두는 것이 좋다. 어떤 감염증이 있는지, 무엇을 신경 써야 하는지 알아두는 것이 현실적이지 않을까 한다.

고양이가 사람에게 옮기는 병은 7종 정도이다. 감염되자마자 중독되지는 않지만 저항력이 떨어졌을 때는 심각한 증상으로 이어질 수도 있다. 인간은 사십 세를 넘어서면 저항력이 떨어진다는 사실을 명심하고 평소 체력관리와 건강유지에 힘쓰도록 한다.

당뇨나 간질환이 있는 사람은 특히 주의하고 컨디션이 나쁠 때는 고양이와 함께 자지 않는 것이 좋다. 몸에 이상이 느껴진다면 펫감염증일 가능성도 있으니 진료를 받을 때는 고양이를 키운다는 사실을 알린다.

다시 말하지만 펫감염증 중 몇 가지는 평소 신경 쓰면 충분히 예방할 수 있다. 또 예방할 수 없는 것들은 체력을 길러 대처하고 몸에 이상이 느껴지면 바로 병원에 가도록 한다.

내 팔베개를 하고 새근새근 잠든 고양이만큼 사랑스러운 것은 없다. 이 행복을 지키기 위해서는 각오와 더불어 노력이 필요하다. 철저히 준비한 후 고양이와 함께한다면 편한 기분으로 그 행복을 맛볼 수 있을 것이다.

펫감염증의 기초지식

세균이나 바이러스, 리케차, 원충 등의 미생물이 체내에 침입해 일으키는 질병을 감염증이라고 한다.

모든 병원체가 모든 동물에게 감염되는 것은 아니다. 미생물에 따라 살 수 있는 환경이 다르기 때문이다.

예를 들어 인플루엔자 바이러스는 사람이나 돼지, 새의 체내에서 살며 증식하지만, 고양이나 개의 체내에서는 살 수 없다. 따라서 고양이나 개가 인플루엔자에 감염되는 일은 없다.

사람과 동물 모두 감염되는 것을 '인축공통전염병'이라고 한다.

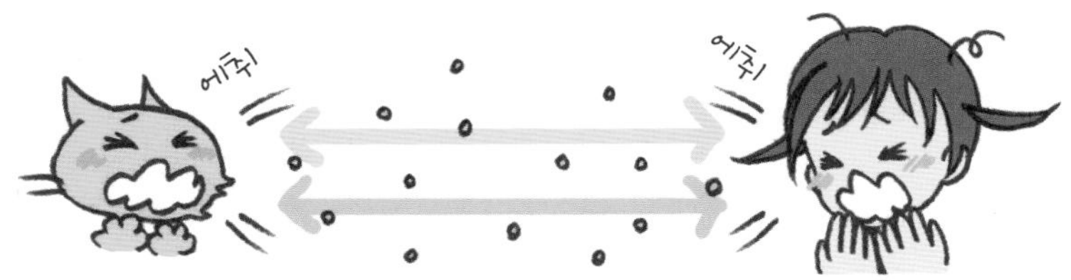

그중에서 고양이나 개, 새, 거북이 등의 펫에게서 사람이 감염되는 것을 일반적으로 '펫감염증'이라고 하며 약 25종류가 있다.

고양이가 사람에게 옮기는 질병

병명	병명	감염경로
고양이할퀴병	세균	고양이가 할퀸 상처나 문 상처로 감염, 벼룩에게 쏘인 상처에서 비롯된 감염도 있다.
Q열	리케차	포유류의 대다수가 병원체를 갖고 있다. 감염동물의 젖, 대소변, 태반, 양수 등으로 배설된 병원체가 공기 중에 섞여, 분진과 함께 흡입.
진균증	진균 (곰팡이 혹은 피부사상균)	감염된 동물을 안거나 쓰다듬는 등의 간접 감염, 감염된 사람이 사람에게 간접 감염.
개선충	옴진드기 (Scabies)	감염동물을 안거나 쓰다듬어서 생기는 직접감염, 혹은 침구 등을 매개로 한 간접 감염.
파스퇴렐라증	세균	많은 포유류가 보유한 상재균으로 고양이의 보유율은 구강 내에 100%, 발톱에 20~25%, 교상이나 긁힌 상처 또는 키스 등을 통한 직접감염과 비말감염.
개고양이회충증	기생충(선충)	분변에 배설된 기생충의 알이 손 끝에 닿거나 고양이를 쓰다듬을 때 닿거나 우연히 섭취하게 되는 경구감염.
톡소플라즈마증	기생충(원충)	감염된 고양이의 분변에 배설된 오오시스트(알 같은 것), 또는 감염된 돼지고기를 섭취하면서 경구감염.

증상	고양이
상처가 생긴 지 며칠~2주 정도 후, 환부가 보라색으로 붓는다. 곪아서 고름이 나오기도 한다. 림프절이 붓고 통증이 생긴다. 전신증상으로서는 권태감, 발열, 두통, 열을 동반한 두통. 예후는 양호하지만 간혹 뇌증, 수막염 등의 합병증이 있다.	보균하고 있어도 무증상.
감염자의 약 50%는 일과성 발열, 경미한 호흡기 증상으로 치유됨. 급성 Q열로는 10~30일 사이에 갑작스런 발열, 두통 등의 인플루엔자 같은 증상. 대개는 약 2주 정도면 회복되지만 진행되면 기관지염이나 폐렴, 수막염 등을 일으키기도 한다.	경미한 발열로 끝나는 일이 많다. 임신한 경우에는 유산이나 사산하기도 한다.
얼굴이나 목, 몸 등에 가려움을 동반한 발진이 생기고, 흔히 백선이라고 한다. 두부에 감염된 경우에는 보통 두부백선이라고 하고, 원형이나 타원형의 붉은 반점이나 탈모 발생. 가려운 증상이 없는 것과 가려움이나 통증이 있는 것이 있다. 어린아이에게도 많이 발병한다.	머리, 목, 다리 등에 원형 모양으로 탈모된 곳이 생기고 점점 커진다.
손, 팔, 배 등에 붉은 반점이 생기고 매우 가렵다. 한밤중에 특히 가려움이 심해진다. 손바닥이나 손가락에 옴터널이라는 회백색 혹은 흑회색의 선상 발진이 생긴다.	귓바퀴나 팔꿈치, 발뒤꿈치, 배 등에 딱지가 생기고 털이 빠진다.
60%가 호흡기감염증. 면역력이 약할 때 쉽게 감염되는 경향이 있고 가벼운 감기증상에서 폐렴까지 증상은 제각각. 당뇨, 알콜성 간장해 등의 기초질환이 있는 경우나 중고령자는 중병화될 우려가 있다.	일반적으로는 무증상이나 드물게 폐렴을 일으키기도 한다.
사람에게 감염된 경우에는 성충이 되지 못하기 때문에 유충 상태로 몸속을 돌아다닌다. 망막이나 간으로 이동해 장해를 주기도 한다.	설사, 복통, 소화불량.
모체 내에서 태아가 감염된 경우의 선천성 톡소플라즈마증 이외의 대부분이 무증상. 선천성 톡소플라즈마증의 경우 조산이나 유산, 태아에 장해가 생기기도 한다. 단 임신 초기에 첫 감염된 경우에만 생기고, 과거에 이미 감염된 경우에는 영향을 받지 않는다. 첫 감염인지 아닌지는 항체검사로 알아볼 수 있다. 또 태아가 감염된 경우에는 치료가 가능하다.	대부분 무증상, 간혹 발열이나 호흡곤란을 동반한 간질성 폐렴이나 간염을 일으키는 경우가 있다.

35 펫감염증의 예방에 신경 쓰자

앞에서 거론한 펫감염증 중 백신이 있는 것은 없다. 즉 병원체를 없애거나 감염경로를 끊어내는 것 외에는 예방법이 없으므로 감염증의 존재를 명심하고 매일매일 주의를 게을리하지 않도록 한다. 아래의 주의사항을 습관처럼 실행한다.

① 벼룩, 진드기, 회충 등의 구충을 하고 정기검진을 한다.
② 화장실은 정기적으로 깨끗이 청소한 뒤 반드시 손을 씻는다.
③ 방청소도 깨끗이 한다. 가능한 카펫은 사용하지 않는다.
④ 방의 환기를 자주 하거나 살균효과가 있는 공기청정기를 설치한다.
⑤ 밖에서 침입하는 병원체를 막기 위해 바퀴벌레나 쥐를 제거한다.
⑥ 사람의 입으로 혹은 먹던 젓가락으로 음식물을 주지 않는다.
⑦ 뽀뽀하지 않는다.
⑧ 양치질을 습관화한다.
⑨ 집고양이의 발톱을 자른다.
⑩ 사람의 건강을 유지하고 저항력을 높인다.

'우리 고양이는 괜찮아'라고 생각하고 싶겠지만 파스퇴렐라증의 항목을 다시 한 번 읽어보자. 고양이에게는 아무런 증상이 없지만 고양이의 입안에는 100% 있는 이 세균은 저항력이 떨어진 사람에게는 위험하다.

고양이에게는 아무런 죄가 없다. 감염되지 않도록 미리 조심하는 것이 반려인의 역할이자 책임이다.

예방을 위해 중요한 것

정기적으로 분변검사와 구충을 한다. 화장실 청소를 꼼꼼하게 하고 청소 후에는 손을 씻는다.

바퀴벌레나 쥐를 구제한다. 방을 환기시킨다.

사용하는 젓가락으로 음식을 주거나 뽀뽀하지 않는다.

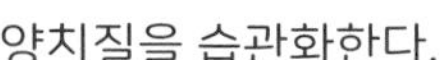

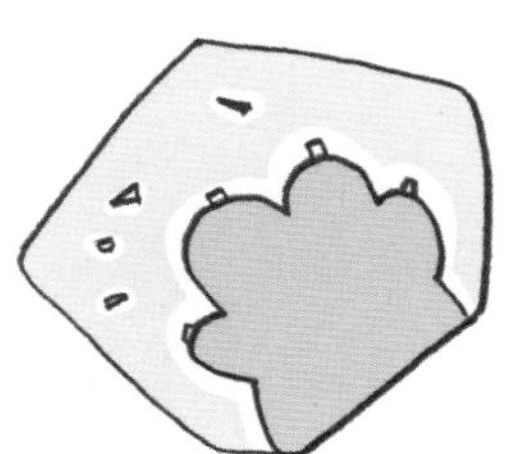

집안에서 키우는 고양이의 발톱은 자른다.

양치질을 습관화한다.

이불속에서만 할 수 있는 관찰도 있다

고양이와의 동침(?)은 즐겁고 행복한데다 재미있는 관찰까지 할 수 있다.

우선 고양이가 자는 위치부터 보면, 처음부터 사람의 팔베개를 베고 자는 고양이도 있고, 다리 쪽에서 자고 싶어 하는 고양이도 있다. 이불 위로 다리 옆에서 자거나 이불 속에 들어와도 다리 근처까지 파고들어가 자는 고양이도 있다. 여러 마리를 키우다 보면 반려인의 얼굴부터 다리까지 각자의 정위치가 있는데 이 모습을 살펴보는 것도 꽤 흥미진진하다. 또 다리 근처에 자던 고양이가 나이를 먹을수록 얼굴 근처에서 자기도 하고 그러다가 베개 위에서 사람의 얼굴을 베개 삼아 자기도 한다. 이것은 사람과의 정신적인 거리의 변화라고 할 수 있다. 함께 사는 동안 사람에 대한 의존성과 믿음이 강해져 얼굴 근처에서 잘 수 있게 됐을 것이다. 사랑스럽지 않은가?

팔베개를 베고 자는 고양이라면 램수면을 관찰할 수 있다. 사람이나 고양이나 잠이 들면 곧 램수면을 거쳐 논램수면으로 이행한다. 램수면 시간에 꿈을 꾸는 것으로 알려져 있는데, 사람은 감은 눈꺼풀 아래에서 안구가 움직이고 고양이는 안구는 물론 네 다리와 몸까지 움찔움찔 떤다. 손을 대보면 램수면에 들어간 것을 확실하게 알 수 있을 것이다.

시계를 보면 고양이가 몇 분 만에 램수면에 들어가는지도 알 수 있다. 램수면과 비램수면은 세트로 하룻밤에 몇 번씩 반복되는데 불면증인 사람이라면 그 주기까지 알 수 있을 것이다. 자면서 할 수 있는 그리고 아직 데이터가 없는 귀중한 연구를 해보는 것은 어떨까?

잠자리에서 할 수 있는 고양이 연구

① 고양이가 자는 위치

성격에 따라 다르다. 나이에 따라 변화한다.

② 수면 연구

사람이나 고양이나 수면 중에 램수면과 비램수면을 반복하며, 램수면 중에 꿈을 꾼다.

집에서 키우는 고양이는 반려인과 함께 자기 때문에 관찰하기 쉽다.

램수면에 빠진 고양이는 금방 알 수 있다. 잠꼬대를 하기도 한다.

램수면의 주기를 재보자.
단 불면증인 사람만이 가능한 특권.

36 고양이의 마음을 알고 싶다면?

반려인이라면 '고양이는 무슨 생각을 할까? 그것이 알고 싶다!'고 생각한 적이 있을 것이다. 지긋한 눈빛으로 반려인의 얼굴을 쳐다보는 고양이를 보고 그런 궁금증이 생기는 것도 어찌 보면 당연하다.

그런데 고양이는 생각을 한다기보다 느끼는 동물이다. 간혹 '어떻게 하면 ○○할 수 있을까?' 하며 고민하는 듯한 모습을 볼 때면 아주 약간의 생각이란 걸 하는 것 같기도 하지만 대부분 직감에 의존하고 복잡한 생각은 하지 않는 동물이다. 한 곳을 응시하고 심사숙고하는 것처럼 보여도 실은 멍하니 있는 것뿐, 곧 꾸벅꾸벅 졸기 시작할 것이다. 결코 고양이를 바보 취급하는 것이 아니다. 복잡한 생각이 가능하다면, '아까는 미안했어'나 '나중에 ○○해줄게' 같은 말이 통하겠지만 느끼는 것이 주류라면 느꼈을 때가 전부라는 뜻이다. 비논리적인 이 느낌이 반복되고 쌓여서 곧 반려인과의 관계가 된다.

그렇다면 고양이는 어떨 때 어떤 감정을 느끼는지가 남는데 사람들이 흔히 오해하는 것처럼 원망이나 원한, 심술 등과는 거리가 멀다. 순수하게 기쁨과 안심, 불안이나 불만을 느끼는 고양이는 본성이 나쁜 동물이 아니다. 1장에서도 말했다시피 인간과 동물을 동일시하면 고양이의 기분을 잘못 읽게 된다는 사실을 잊지 말자.

고양이가 우선적으로 추구하는 것은 '안심'이다. 고양이는 안심할 수 있는 상황에서 반려인의 애정을 받으면서 행복을 느끼므로 우리가 읽어내야 할 것은 그 안심의 정도이다. 따라서 고양이의 불안과 불만요소를 제거하기 위해서는 고양이의 기분을 잘 읽어내야 한다.

고양이는 무슨 생각을 할까?

실은 멍하니 있는 것뿐. 잠시 후 잠이 든다.

고양이는 복잡한 생각을 하지 않는다. 단순하게 즐겁다든지 불안하다든지 무섭다고 느끼는 동물이다.

울음소리는 불만의 표현

동물의 말은 주로 바디랭귀지, 즉 몸짓으로 표현된다. 우리가 사용하는 말과 다른 점은 전달하려는 의도가 없어도 저절로 기분이 드러난다는 데 있다. 그 기분을 캐치해서 반응하는 것이 동물의 언어이다.

인간에게도 바디랭귀지는 있다. 난처할 때 저도 모르게 눈썹을 찌푸린다든지 기쁠 때 입이 벌어진다든지 슬플 때나 감동했을 때 눈물이 솟아오르기도 한다. 이것은 감정이 드러나는 언어라는 뜻으로 무드랭귀지라고도 한다.

그런 의미에서 보면 고양이의 울음소리도 무드랭귀지라고 할 수 있다. 사람들은 흔히 이 울음소리를 뭔가 요구하는 것으로 해석하는데 기본적으로는 불만스러운 마음의 표현이다. '밥을 줘'가 아니라 '배고파', '문 열어줘'가 아니라 '여기 있기 싫어', '안아줘'가 아니라 '외로워'……, 요컨대 불만스러운 감정이 울음소리로 표현되는 것이다.

고양이의 '냐옹, 냐옹' 하는 울음소리는 원래는 새끼고양이가 어미에게 보호나 보살핌을 요구할 때 내는 것으로, '나 지금 곤란해! 여기로 와줘'를 알리는 신호이다. 집고양이는 새끼고양이의 정신을 가졌으므로 성묘가 되어도 불만을 울음소리로 표현한다. 어리광쟁이 고양이일수록 잘 우는 이유가 바로 그 때문이다.

다시 말하면 바디랭귀지로 표현되는 것은 주로 불안, 울음소리로 표현되는 것은 불만이다. 안심하고 만족스러워 하는 고양이는 이렇다 저렇다 하는 '말'없이 기분 좋은 듯 눈을 감고 있을 뿐이다.

고양이의 바디랭귀지의 기본은 불안

몸을 작게 모으는 것은 크게 불안을 느낄 때.

불안하지만 강하게 대처하려는
고양이는 몸을 크게 보이려 한다.
결코 분노의 표현이 아니다.

울음소리의 기본은 불만

불만에 따라 울음소리가 미묘하게 달라서 파악하기 어렵다.
하지만 함께 사는 반려인은 어느새 그것을 정확하게 이해하게 되니 대단하다.

37 꼬리로 읽는 고양이의 감정 표현

고양이가 털을 세운 채 등을 둥글게 말고 귀를 뒤로 젖히며 하악거릴 때 보통 '고양이가 화났다'고 표현한다. 하지만 이것은 인간사회에서 말하는 '화'가 아니라 자신을 실제보다 크게 보여 '그 이상 다가오면 공격한다!'는 위협이다. 강한 척하고 있지만 속으로는 '무서워'라고 느끼는 것인데, 이 '무서워'도 불안에 속한다.

무드랭귀지로 명확하게 표현되지 않을 뿐이지 고양이가 불안과 불만, 안심과 만족밖에 느끼지 못하는 것은 아니다.

고양이가 느끼는 미묘한 감정을 추측하기 위해서는 꼬리의 움직임을 봐야 한다. 고양이의 꼬리는 푹 잠들었을 때를 제외하고는 항상 움직이고 있다. 꼬리의 움직임에는 미묘한 차이가 있는데 그것이 바로 오묘한 감정의 차이라고 할 수 있다.

어떤 감정일 때 어떤 동작을 하는지 구체적으로 말하기는 어렵지만, 강하게 뭔가를 느꼈을 때는 강하게, 어렴풋이 느끼고 있을 때는 약하게 흔든다. 그리고 꼬리를 엉덩이 부분부터 크게 흔들거나 꼬리 끝만을 흔드는 변화까지 더해지면 더 강한 감정의 변화를 나타낸다.

꼬리가 나타내는 미묘한 감정은 매일 고양이와 접하고 애정을 가지고 지켜보는 반려인만이 알 수 있다. 함께 생활하며 동화되다 보면 어느새 꼬리로 말하는 고양이의 언어를 이해하고 있다는 사실을 깨달을 것이다.

고양이의 꼬리에 나타나는 기분, 그 기본

놀랐을 때는 순식간에 부풀어오른다.

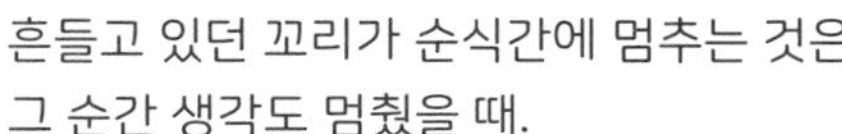

흔들고 있던 꼬리가 순식간에 멈추는 것은
그 순간 생각도 멈췄을 때.

강하게 흔들 때는 강한 감정.
기쁘다든지 불만이 강한 것인지는
반려인이 판단할 수밖에 없다.

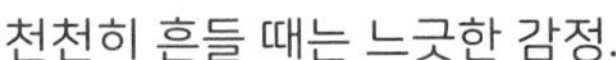

천천히 흔들 때는 느긋한 감정.

엉덩이 부분에서 크게 흔든다든지
끝만 흠칫흠칫 흔드는 등 꼬리의 쓰임과
변화가 풍부하다.
매일 보다 보면 반려인은
기분을 읽을 수 있게 된다.

작은 행동으로 알 수 있는 기분

바디랭귀지라고 할 정도는 아니지만 고양이의 기분을 읽을 수 있는 행동이 몇 가지 있다.

고양이는 놀란 다음에 등을 살짝 핥는 습관이 있다. 아마도 새끼 시절 어미가 몸을 핥아주면 평온한 기분을 느꼈던 것이 남아서 성묘가 되면 스스로 그루밍을 해 마음을 진정시키고 다 핥으면 곧 잠에 빠져드는 것 같다. 스킨십은 그 정도로 마음을 가라앉히는 힘을 가졌다. 갑자기 낯선 사람이 집에 들어와 놀랐다든가 낮잠을 자다가 높은 곳에서 떨어졌을 때 등 무의식중에 동요를 가라앉히기 위해 스스로 스킨십을 하는 것도 같은 이유이다. 보통 패턴화된 동작으로 등을 2~3번 할짝할짝 핥는데, 그럴 때는 느긋한 마음으로 고양이를 안고 천천히 진정시켜주도록 한다.

또 잠에서 깬 고양이를 안으면 고양이가 키스하듯 입을 가져다댈 것이다. 외출하고 돌아왔을 때도 똑같은 행동을 하는데, 이것은 정보를 얻기 위해 입 냄새를 맡으려는 것이다. 아마도 '뭐 맛난 거 먹고 왔어?' 하는 마음일 것이다. 원래는 고양이들끼리 하는 인사로, 사람을 동료라고 생각하기에 하는 것 같다. 키스를 하는 것이 아니니 입 냄새를 충분히 맡게 해주면 된다. 고양이는 그것으로 만족할 것이다.

이처럼 사람이 고양이를 상대하려면 고양이의 마음이 되어 고양이 같은 발상으로 대응할 수밖에 없다.

이런 데서도 고양이의 기분은 표현된다

고양이를 안고 얼굴을 가져다대면
고양이의 동공이 커지거나 작아진다.
애정 표현.

이제 막 보호하기 시작한 고양이의
눈을 가까이서 보면 동공이 갑자기 커진다.
공포의 표현.

동공에는 감정의
고조가 드러난다.

친하지 않은 고양이와는 눈을 마주치지 않는 것이 중요. 고양이는 적의의 표현으로 받아들이고 겁을 먹는다.

38 마킹으로 알 수 있는 고양이의 기분

영역동물인 고양이는 자기 구역 안에 냄새로 자신의 '도장'을 찍는 습성이 있다. 이것을 마킹이라고 하는데 이 행동으로도 기분을 읽을 수 있다.

먼저 얼굴 냄새 묻히기! 고양이의 뺨과 턱에는 냄새가 나는 취선이 있는데 릴랙스 상태일 때 여기저기에 얼굴을 문지른다. 릴랙스하고 있다는 것은 안심하고 있다는 뜻으로 그곳은 고양이에게 안심할 수 있는 장소, 즉 영역의 중심이라는 뜻이다. 묻힌 냄새는 안심의 냄새. 따라서 그곳은 점점 안심할 수 있는 지역이 되어갈 것이다. 안심할 수 있는 장소에서 릴랙스 상태일 때마다 안심의 냄새를 묻히며 영역을 지키는 것이다. 보통 가구의 모서리 등에 하는데 사람의 다리에 할 때도 있다. 사람까지 포함하여 자신의 영역으로 생각한다고 볼 수 있다.

또 발톱갈이의 흔적도 마킹이다. 발톱을 갈 때 발바닥에서 나오는 냄새가 발톱을 간 대상에 묻는데 이것도 고양이에게는 중요한 마킹. 고양이는 '좋아, 한 번 해볼까~~' 하는 기분이 고양된 상태에서 발톱갈이를 한다. 그러면 '해볼까~'의 기분이 냄새로 남는다. '이 영역에는 활기찬 고양이가 있다'는 침입자에 대한 경고이다.

마지막으로 스프레이라는 마킹은 불안할 때 하는 냄새 묻히기이다. 중성화 수술을 하지 않은 수컷이 많이 하고 간혹 암컷도 할 때가 있다. 침입자가 있을 때나 낯선 장소에 갔을 때 등 크게 불안함에 휩싸였을 때나 동거 고양이와 도저히 잘 안 풀릴 때도 보인다.

고양이의 마킹

가구 모퉁이 등에 얼굴을 부비부비. 안심하고 있을 때 냄새 묻히기.

사람의 몸에 할 때도 있다. 묻힌 냄새가 어떤 건지는 사람은 알 수가 없다.

발톱을 갈면서 냄새 묻히기. 건강한 냄새를 묻혀 침입자에게 어필한다. 이 냄새도 사람은 알 수 없다.

불안해졌을 때 하는 냄새 묻히기. 스프레이. 냄새가 지독하다.

새끼고양이의 유아적 행동으로 마음을 읽는다

앞에서 말했듯이 집고양이는 죽을 때까지 새끼고양이의 정신 상태이기 때문에 성묘가 되어서도 새끼고양이 특유의 행동이 남아 있다. 특히 어리광쟁이 고양이일수록, 그리고 수컷에게 좀 더 많이 보인다.

일단 꼬리를 위로 쳐들고 반려인에게 다가오는 행동이다. 원래 새끼고양이가 어미고양이에게 보살핌을 요구하며 다가갈 때 하는 행동이다. 아마도 이렇게 하면 어미가 엉덩이를 쉽게 핥아줄 수 있기 때문일 것이다. 그래서 집고양이는 반려인에게 먹이를 조를 때나 안아주기 바랄 때 새끼고양이의 기분이 되어 꼬리가 선다.

또 안으면 목을 골골대며 운다. 새끼고양이가 젖을 먹을 때의 습성으로 젖을 먹고 있을 때처럼 안식과 만족을 느끼고 있다는 뜻이다.

그리고 두 발로 사람의 몸을 번갈아 누르는 고양이도 있다. 앞발을 번갈아 움직이는 이것은 젖을 먹을 때 하는 행동이다. 새끼는 양손으로 엄마젖 주변을 번갈아 누르며 젖을 먹는데, 그렇게 하면 젖이 잘 나온다. 보통 꾹꾹이로 부르는 이런 행동을 통해 젖을 먹고 있을 때와 똑같은 기분을 느끼는 것이다. 꾹꾹이는 사람의 몸뿐만 아니라 이불 위에 하기도 한다. 부드러운 이불과의 접촉이 새끼 시절의 향수를 느끼게 하는지 이불을 쭉쭉 빨며 앞발을 번갈아 꾹꾹 누르는 고양이도 있다.

이것은 '아가 상태로 돌아가기'쯤 될 텐데 집고양이는 평생 독립할 필요도 없으니 아기인 채로 있어도 상관없을 것이다. 그쪽이 더 귀엽기도 하고 고양이는 귀여움을 받음으로써 행복해하니 '잘한다, 잘한다' 하며 가볍게 엉덩이를 두드려 주자.

울음소리에 나타나는 고양이의 기분

거절의 표현

'그 이상 다가오면 공격할 거양!'

확실한 비명

꼬리를 밟았을 때

어미고양이가 새끼고양이를 부를 때

사랑의 울음소리

사냥으로 흥분해 있을 때

39 아기와의 동거에는 조심조심

고양이를 키우는 사람이 임신했을 경우 조심해야 할 질병으로는 톡소플라즈마증이 있다.

톡소플라즈마증은 원충이 기생하여 발생하는 인축공통감염증(34장 참조)으로 모체 내에서 태아가 감염된 선천성 톡소플라즈마증의 경우 조산 혹은 유산을 유발하거나 태아에게 수두 등의 장해를 일으키기도 한다. 하지만 선천성 톡소플라즈마 증상은 임신 초기에 감염된 경우에만 발생하고, 이미 감염된 상태에서 임신하는 경우에는 영향을 받지 않는다. 톡소플라즈마증은 덜 익힌 돼지고기로 감염되기도 하고 실제로 많은 사람들이 증상은 없지만 이미 감염되어 항체를 갖고 있다. 따라서 항체를 갖고 있으면 아무런 걱정을 할 필요가 없다. 다시 말하지만 선천성 톡소플라즈마가 걱정되는 것은 임신 초기에 감염될 때뿐이다.

처음 감염된 것인지 아닌지는 항체검사로 알 수 있고 만약 태아가 감염되었다 해도 치료가 가능하므로 걱정하지 않아도 된다. 임신 예정이거나 임신을 했을 경우 병원에서 톡소플라즈마 항체검사를 하면 안심할 수 있을 것이다.

고양이의 화장실을 청소한 후에는 손을 깨끗이 씻는 등 청결과 건강에 충분히 주의를 기울이고 아기가 태어나면 고양이의 발톱에 긁혀 다치지 않도록 조심한다. 필요한 주의만 기울인다면 아기와 고양이는 충분히 같이 지낼 수 있다. 태어나면서부터 동물과 함께 자라는 아이는 다정다감한 성격으로 성장할 것이다.

아기와 고양이

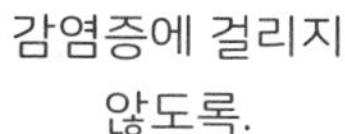

감염증에 걸리지
않도록.

정기적으로 고양이의 구충을 확실하게 한다.
고양이 화장실 청소를 꼼꼼하게.

청소 후에는 반드시 손을 씻는다.

아기를 낳으면 한동안
고양이가 아기가 자는
방에 들어가지
못하게 한다.

발톱으로 상처를 입하지
않도록 고양이의
발톱을 깎는다.

도저히 키울 수 없게 된다면

고양이를 처음 키울 때는 무슨 일이 있어도 끝까지 책임지겠다고 결심해도 살다 보면 여의치 않은 상황이 생기기도 한다. 혼자 살다가 병에 걸려 장기입원을 해야 하거나 사고로 갑자기 사망할 수도 있다. 이렇게 자기 의지와는 상관없는 상황에서 고양이를 어떻게 할 것인지 평소 생각해두는 게 좋지 않을까 한다.

일단 절대로 선택해서는 안 되는 것이 안락사이다. 고양이가 병에 걸리거나 다쳐서 임종이 다가오고 고통이 너무 심한 상황이라면 몰라도 멀쩡한 고양이에게 안락사를 시키는 것만큼 끔찍한 결말은 없다. 아무리 가혹한 상황이라 해도 사람이든 고양이든 살아만 있으면 언젠가 안정을 되찾을 날이 온다. 그때 분명 후회하게 될 테니 사람의 편의를 위해 생명을 저버리는 비인간적인 선택은 하지 않았으면 한다.

아무리 애써도 정말 더 이상 키울 수 없는 상황이라면 새로운 반려인을 찾아주는 것이 고양이에 대한 배려이자 반려인의 의무이다. 하지만 어린 고양이들이 넘치는 상황에서 어느 정도 자란 고양이에게 새 반려인을 찾아주기란 하늘의 별따기만큼이나 힘들다. 그래서 상당한 시간이 걸리겠지만 지인이나 인터넷 등 모든 수단을 동원해서 포기하지 말고 최선을 다해 찾도록 한다.

이런 상황을 대비해 평소 위기가 닥치면 어떻게 할 것인지 미리 생각해두자. 금전적인 문제가 없다면, 키울 수 없는 상황에서 마지막까지 돌봐주는 시설을 찾아 미리 계약해두면 안심할 수 있다.

금전적으로 여유가 없다면 고양이 친구들을 만들도록 하자. 힘든 상황이 닥쳤을 때 서로 돕는다는 약속을 해두면 마음의 부담이 덜어질 것이다.

만약의 경우 고양이가 길거리를 헤매지 않도록

독신으로 살면서
고양이 2마리.

친구를 많이 만들자.
힘든 상황이 되면 서로 맡아주자고 약속한다.

만약의 경우 반드시 연락이 가게 해둔다.
유산을 물려주면 좀 더 안심할 수 있다.

요상한 얼굴 사진관 part. 3
와, 뱃속까지 다 보일 것 같다옹!!
자고 일어나면 스트레칭을 해야지냥!!
이 각도는 자신이 없는데냥….

4장

내 고양이 병에 걸리지 않게 하는 방법

이 장에서는 고양이가 병에 걸리지 않고 건강한 일상을 보낼 수 있도록
조기발견의 중요성과 고양이가 걸리는 감염증에 대한 기초지식,
집에서 할 수 있는 응급처치까지……,
반려인이 일상에서 신경 써야 할 사항을 소개한다.

40 질병은 조기발견이 최선

고양이도 당연히 병에 걸리지만 인간처럼 '몸이 나른해'라든지 '위가 따끔따끔 아파'라고는 하지 않는다. 야생의 피를 타고난 동물들은 몸이 아파도 건강한 척하기 때문에 누가 봐도 '정말 나쁜 상태'라면 이미 상당히 진전된 상황이다. 그래서 무엇보다 조기발견이 중요한 것인데 조기발견을 할 수 있는 사람은 반려인뿐이다. 평소 모습을 잘 아는 반려인이 느끼는 '왠지 평소와 다르다'라는 판단은 무엇보다 정확하다. 좋은 반려인이라면 '내 고양이의 안색이 나쁜' 것을 감지해야 한다.

하지만 동물병원에 데려가 무턱대고 '상태가 이상해요'라고 하면 의사는 난처하지 않을까? '평소와는 다르다'고 느꼈다면 어디가 어떻게 어떤 식으로 다른지 파악해야 한다. 예를 들어 식욕이 없다든지 마시는 물의 양이 적다든지 소변 횟수가 많다든지 걷는 모습이 이상하다든지 배를 만지면 아파한다든지……. 이런 구체적인 증상을 찾아서 수의사에게 말해야 한다. 이것이 반려인의 역할이고 고양이의 평소 모습을 아는 사람만 할 수 있는 일이다. 수의사는 그 설명에 따라 필요한 검사를 할 것이다.

또 고양이가 어떤 질병에 걸리기 쉬운지 어떤 증상에 주의해야 하는지도 알아두는 것이 좋다. '병원에 데려가는 게 좋을까?'라고 생각하면서도 관찰하지 않는 것만큼 나쁜 것은 없다. 뒤늦게 후회하느니 '큰일은 아니었어'로 끝나는 게 낫지 않을까? 조기발견과 조기치료, 이것이 바로 내 고양이의 건강을 지키는 비결이다.

'평소와 다르다'라고 느꼈을 때 하는 체크포인트

★ 열은?
평소보다 몸이 뜨겁다?

★ 빈혈은?

★ 잇몸 색은 평소에 비해 어떤가?

★ 콧물, 눈곱은?

★ 식욕은?

★ 마시는 물의 양은?

★ 소변 횟수는?

★ 설사는?

★ 몇 번이나 토했나?

★ 어디 아픈 데가 있나?

잠에서 깬 지 꽤 됐는데도
콧등이 건조하다면 열이 있는 것.

안기는 것을 싫어할 때는
신경 써야 한다.

동물병원과의 연계플레이로 치료하자

고양이를 키울 때 가장 먼저 할 일이 홈닥터를 찾는 것이다. 예방주사나 중성화 수술 등으로 동물병원에 가면 의사 선생님의 스타일을 본다.

반려인과 수의사는 인간적인 궁합이 중요하다. 그런 만큼 내 고양이를 전적으로 맡기고 치료할 수의사가 어떤 스타일인지 찬찬히 살펴봐야 한다. '이 선생님이라면 믿을 수 있다'는 신뢰감 없이 치료를 맡겼다가 안 좋은 일을 당하면 수의사를 원망할 수도 있는데 이것은 고양이와 반려인 그리고 수의사 모두에게 바람직하지 않다. 그러니 무슨 일이 있더라도 신뢰할 수 있는 수의사가 있는 병원을 찾아 홈닥터로 삼는 것이 좋다. 나와 맞지 않는 것 같다면 다음 진료는 다른 병원으로 가면 된다.

고양이의 상태가 나빠서 병원에 데려갈 때는 가기 전 전화로 미리 어떤 증상인지 알리는 것이 좋다. 그렇게 하면 병원에서는 필요한 검사를 준비하고 기다릴 수 있다. 또 병원에 도착하면 증상을 가능한 자세하면서도 간결하게 설명한다. 말로 잘 표현할 수 없을 것 같으면 메모를 해 가는 방법도 있다.

수의사의 설명을 듣다가 잘 모를 때는 질문을 한다. '잘 모르니, 전부 맡기자'라는 자세는 금물이다. 특히 집에서 약을 먹여야 할 때는 지시대로 하지 않으면 효과 여부를 떠나 악화될 수도 있으니 조심해야 한다.

병의 치료는 수의사와 반려인이 함께하는 것이다. 수의사에게는 수의사의 역할이, 반려인에게는 반려인의 역할이 있다. 각자 맡은 역할을 다하지 않으면 고양이의 병은 낫지 않는다.

홈닥터를 찾는 방법

전화번호부로 찾거나 가까운 고양이 친구들에게 묻는다.

예방주사를 맞을 때 가본다. 잘 안 맞는 것 같으면 다른 병원에도 가본다.

홈닥터가 결정되면 고양이가 일생을 마칠 때까지 함께하게 된다. 자신의 고양이에 대해 알고 있다면 안심.

치료는 수의사와 반려인의 연계플레이! 맡겨두기만 해서는 안 된다!

41 예방접종에 관한 지식

고양이가 잘 걸리는 질병 중에는 바이러스에 감염되면 치사율이 높은 것이 몇 가지 있다. 하지만 대부분 예방접종으로 예방이 가능하므로 면역을 만들어두면 감염되더라도 가벼운 증상으로 끝난다.

병의 원인이 되는 병원체에는 세균이나 바이러스, 기생충 등이 있는데 그중 바이러스는 약으로 직접 죽이는 것이 불가능하고 체내에 생성된 항체에 의해서만 치료가 가능하다. 그 항체를 만드는 방법이 바로 백신접종, 즉 예방접종이다.

현재 고양이의 백신은 고양이 범백혈구감소증, 고양이 바이러스성 호흡기감염증 2종, 고양이 백혈병바이러스감염증, 고양이 면역부전바이러스감염증 등 5가지가 있다. 몇 가지 백신을 접종할지는 수의사와 상담하도록 한다. 주사는 1회당 한 번이다. 예를 들어 3종 백신을 접종한다면 3종 혼합주사 한 대만 맞으면 된다. 보통 3종 또는 4종을 3차까지 접종한다.

집고양이에게는 감염 위험이 없지 않느냐고 생각할 수 있지만, 사람(특히 고양이를 좋아하는 사람일수록)이 밖에서 고양이와 접촉했다가 바이러스를 묻혀올 가능성이나 집에 온 손님이 바이러스를 묻혀올 가능성, 동물병원 대합실에서 다른 고양이와 접촉하면서 옮을 가능성 등 루트는 얼마든지 다양하다.

한편 펫시터를 의뢰하는 경우에는 예방접종이 기본조건이다. 많은 고양이와 접하는 펫시터가 병을 옮기는 일이 없도록 예방접종을 마친 고양이만 맡아야 한다. 집고양이라도 예방접종은 필요하다.

백신이 있는 감염증

병명	병명	감염경로
고양이 범백혈구감소증 (고양이전염성 장염이라고도 한다)	감염되면 며칠 안으로 갑자기 발열, 식욕감퇴, 구토, 설사, 탈수 등의 증상이 나타난다. 처치가 늦어지면 위험하다.	감염된 고양이가 핥거나 물면 감염. 감염된 고양이가 사용하는 화장실이나 식기를 통해서도 감염.
고양이 바이러스성 호흡기감염증 2종 (바이러스성 비기관염, 칼리시바이러스감염증)	재채기, 콧물, 발열, 결막염, 구내염. 감기와 비슷한 증상.	감염된 고양이의 재채기 등의 비말이나 타액으로 감염.
고양이 백혈병 바이러스감염증	식욕부진, 체중감소, 빈혈, 구내염, 설사, 신장염, 유산 등.	감염된 고양이가 핥거나 물어서 감염.
고양이 면역부전 바이러스감염증 (고양이에이즈)	감염 초기에는 발열, 설사, 림프절의 붓기 등의 증상. 그러다 증상 없이 몇 년이 지나면 구내염이나 콧물, 피부염 등 다양한 만성증상을 거쳐 면역부전증후군으로 쇠약해짐.	감염된 고양이와 싸우면서 물린 상처나 교미로 감염.

고양이 바이러스성 호흡기감염증은 감기와 비슷한 증상이지만 고양이에게는 무서운 질병이다. 고양이는 코가 막혀 냄새를 맡지 못하면 음식을 먹지 못해 쇠약해진다.

예방접종은 반드시 필요하다

앞에서 언급한 고양이 바이러스성 호흡기감염증은 사람의 감기와 비슷하지만 사람에게서 옮지도 않고 사람에게 옮기지도 않는다. 고양이 면역부전바이러스감염증도 마찬가지로 사람에게 전염되지 않는다. 이들 병은 고양이 특유의 감염증이며 펫감염증(34장 참조)과는 다르다.

고양이 바이러스성 호흡기감염증은 감기 같은 증상이다. 그래서 감기라면 그렇게 걱정할 필요가 없지 않냐 생각할지도 모르지만 고양이의 경우는 다르다. 고양이는 냄새로 음식물을 먹을지를 결정하는데 코가 막혀 냄새를 맡지 못하면 먹으면 안 되는 것으로 판단하고 아무것도 먹지 않게 된다. 그렇게 되면 몸이 쇠약해져 심각한 상황을 초래한다.

고양이가 걸리기 쉬운 대부분의 감염증에는 백신이 있는데 백신이 없는 바이러스감염증도 있다. 고양이 전염성 복막염이 백신이 없는데 감염된 고양이의 타액이나 콧물, 분변, 소변으로 감염된다. 감염되어도 발병할 확률은 드물지만 일단 발병하면 대부분 사망한다.

증상으로는 복수와 흉수가 찬 경우와 간장이나 신장에 응어리가 생기는 경우가 있다. 양쪽 다 전신증상으로 진행되고 치료는 각각 증상을 완화하기 위한 대증[對症]요법밖에 없다.

백신으로 예방할 수 있는 감염증, 백신이 없는 감염증을 포함해 고양이에게는 여러 가지 질병이 있다. 필요 이상으로 겁먹을 필요는 없지만 생명이 걸린 질병이 있다는 것도 알아두고 각오도 하는 것이 좋다. 그것은 질병예방 의식으로 연결되고 나아가 조기발견, 조기치료로 이어질 것이다.

감염증 이외의 주의해야 할 질병

회충이나 조충 등의 내부기생충

고양이의 잠자리 등에 하얀 알갱이가 떨어져있다면 조충이 있다는 증거. 분변검사 후 구충을 한다.

개옴

개옴진드기의 기생이 원인.
심하게 귀를 긁을 때는 병원에서 검사를!

고양이 비뇨기증후군

소변 속에 포함된 결석이 요도 등에 막히는 질병의 총칭. 화장실에 가는데 소변이 나오지 않는다. 소변이 빨간 것이 증상. 치료가 늦으면 무서운 질병이다.

당뇨병

비만인 고양이에게 많다.
다음다뇨가 첫 증상.

42 매년의 예방접종을 정기검진이라고 생각하자

생후 두 달이 지나면 새끼고양이의 면역이 사라지므로 첫 예방접종을 하고, 그 3주 후에 두번째 접종, 다시 3주 후에 세 번째 접종을 한다. 그 후 매년 1회씩 정기적으로 추가접종을 한다.

생후 2개월 이상 된 고양이를 보호한 경우에는 즉각 1회째 접종을 한다. 새끼고양이는 초유를 통해서 어미고양이가 갖고 있는 면역능력을 얻는데 저항력이 없는 새끼고양이를 지키기 위한 자연의 조화로 면역력이 있는 동안에는 예방접종을 해도 효과가 없다.

즉 어미고양이가 면역력이 없다면 새끼고양이 역시 면역력이 없다. 그러니 어미가 확실하게 예방접종을 하지 않았다면 만약을 위해서 예방접종이 끝날 때까지 다른 고양이가 있는 장소에 데리고 가지 않도록 한다.

연 1회의 예방접종을 정기검진이라고 생각하면 마음이 편할 것이다. 신경 쓰이는 일이 있었다면 그 기회를 통해 수의사에게 물을 수도 있고, 고양이에게 홈닥터의 얼굴을 보여준다는 의미도 있다. 수의사도 이때 고양이의 성격이나 체질을 파악하므로 언젠가는 도움이 될 것이다.

고양이는 나이를 먹으면 반드시라고 해도 좋을 정도로 동물병원의 신세를 지게 된다. 따라서 홈닥터와의 연락을 등한시하지 않도록 한다.

반려인은 홈닥터와의 2인 3각 플레이로 고양이의 일생을 지켜낼 수 있다.

건강검진을 겸한 예방접종을 한다

예방접종은 홈닥터와 인연의 시작.

매년 하는 예방접종은 1년에 1회 얼굴 보여주기와도 같다.

신경이 쓰이는 일이 있었다면 묻도록 한다. 선생님도 고양이를 잘 알 수 있게 된다.

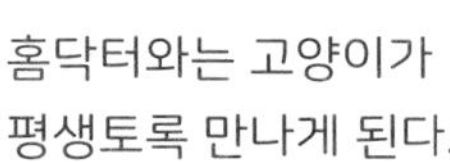

홈닥터와는 고양이가 평생토록 만나게 된다.

자택치료시 주의할 점

병이나 상처의 정도에 따라서는 입원이 필요하기도 하지만 집에서 치료가 가능한 경우도 있다. 그럴 때는 수의사가 지시하는 주의사항을 잘 지키면서 반려인이 간호사의 역할을 해야 한다. 특히 처방된 약은 먹이는 횟수나 양 등을 지시대로 따르지 않으면 효과가 없을 뿐만 아니라 부작용이 생기기도 하므로 주의한다.

일반적으로 동물은 몸이 아프면 조용한 장소에 혼자 있고 싶어 하는데 집고양이의 경우 성격에 따라 다르다. 조용한 장소에서 멍하게 있고 싶어 하는 고양이도 있고, 더 어리광부리며 스킨십을 요구하는 고양이도 있다. 아마도 몸이 안 좋으면 야생적인 본능이 표출되는 고양이와, 어떤 때라도 새끼고양이 기분으로 있는 고양이의 차이일 것이다.

내 고양이가 어느 타입인지는 실제로 아프지 않으면 알 수가 없다. 그러니 어느 타입인지 신중하게 확인하고 대처한다.

혼자서 멍하게 있고 싶어 하는 고양이라면 조용한 장소에 잠자리를 만들어주고 지켜보며 간호한다. 옆에 있는 걸 좋아하는 타입의 고양이라면 항상 보이는 장소에 침대를 놓고 조용한 환경을 만들어준 후 계속 말을 걸거나 몸에 손을 대본다. 혼자서 있고 싶은 타입은 혼자 내버려두는 것이, 스킨십을 원하는 고양이는 스킨십을 해주는 것이 회복하는 데 도움이 된다.

기후에 따라서 반려동물이 있는 장소나 공간에도 신경을 써야 하는데 겨울에는 펫 전용 전기카펫을 사용하는 것이 좋다.

약을 먹이는 방법

① **밥에 섞어준다**

알약은 가루로 부숴서 소량의 캔에 섞어 전부 먹인다.

② **알약을 직접 먹인다**

머리를 뒤에서 손으로 안고 입 끝에 손가락을 대 입을 벌린 후, 목구멍 안으로 밀어 넣는다. 입에 그냥 넣어주면 혀로 내뱉으므로 주의한다.

③ **시럽을 먹인다**

스포이트에 넣어 입 옆에서 잇사이로 넣는다.

43 배워두면 유용한 고양이 응급처치방법

집안에서도 화상이나 골절, 감전 등 사고를 당할 수 있다. 당연히 사고가 일어나지 않도록 조심하는 것이 우선이겠지만(19장 참조) 만약을 대비해 응급처치 방법을 배워두는 것이 좋다.

기본사항은 사람의 응급처치 때와 비슷하다. 침착하게 응급처치를 한 후 가급적 빨리 동물병원에 데려가도록 한다.

접착테이프가 달라붙었다

떼어낸 후 식용유 등으로 닦아 끈적임을 제거한다. 이 경우 병원에 갈 필요는 없다.

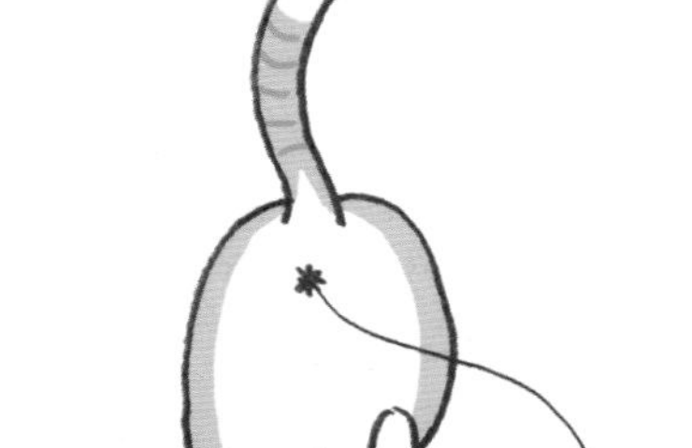

똥꼬 밖으로 실이 나와 있다

살짝 잡아당겨보고 쉽게 나올 것 같으면 그대로 꺼내고, 고양이가 저항한다면 잡아당겨서는 안 된다. 억지로 잡아당기면 장이 다치게 되니 병원으로 직행.

자상

소독액으로 상처를 닦고, 꽉 조이지 않도록 붕대를 감고 병원으로! 피가 멈추지 않을 때는 상처에서 2~3cm 떨어져 심장과 가까운 쪽을 천으로 묶는다.

화상

수돗물을 틀어놓고 15초 동안 환부를 식힌다. 멸균거즈로 상처를 감싸고 병원으로!

골절

평평한 막대를 지지목으로 대고 붕대를 감아 병원으로! 지지대는 아이스캔디 막대가 적절. 지지대가 없다면 수건 같은 것을 밑에 대고 지지한 채 병원으로 간다.

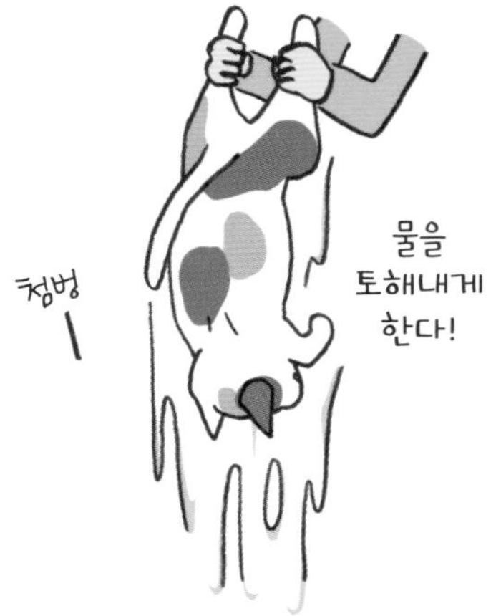

물에 빠졌다

양쪽 뒷다리를 잡고 거꾸로 일으켜 물을 토하게 한다. 호흡이 멈췄다면 인공호흡을, 심장이 멈췄다면 심장마사지를 하고 병원으로.

감전

일단 콘센트를 뽑는다. 손이 닿지 않는 경우는 차단기를 내린다. 전기를 끊기 전에 고양이를 만지면 사람도 감전된다. 호흡이 멈췄다면 인공호흡을 하고 심장이 멈췄다면 심장마사지를 한 후 병원으로!

열사병

일단 몸을 식힌다. 축 늘어져 있을 때는 물속에 넣어도 된다.

코로 숨을 불어 넣는다

인공호흡

옆으로 눕히고 입이 벌어지지 않게 한 후 사람의 입으로 코에 숨을 불어넣는다. 약 3초간 불어넣고 고양이의 가슴이 부풀어 오르는 것을 확인. 고양이가 스스로 호흡하기 시작할 때까지 반복한다.

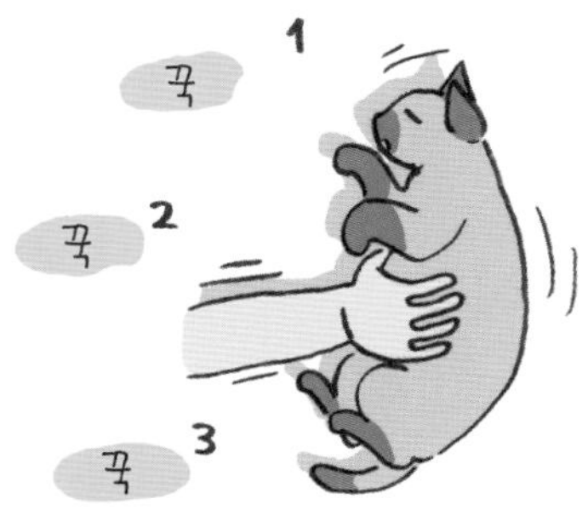

1초당 1회의 속도로
30회 반복한다

심장마사지

옆으로 눕힌 다음 한손으로 고양이의 늑골을 양쪽에서 잡는다. 1, 2에서 엄지와 검지에 힘을 넣고, 3에서 뺀다. 이것을 1회로 하고, 1초에 1회의 속도로 30회 정도 반복한다. 다음 30회는 인공호흡도 동시에 한다.

응급상황을 대비해 고양이용 구급약상자를 만들어두면 안심.

44 발정기의 고양이는 어떤 모습일까?

암컷은 생후 1년 전후면 성적으로 성숙해져 최초의 발정기가 찾아온다. 간혹 생후 4개월에 발정을 맞는 조숙한 고양이나 생후 1년 반이 다 되어서야 겨우 발정하는 늦된 고양이도 있다. 영양 상태나 생활환경, 품종에 따라 개묘 차가 있다. 수컷도 약 1년이면 성적으로 성숙해지는데 암컷이 발정할 때 풍기는 페로몬에 반응해 첫발정을 하게 된다. 즉 발정한 암컷이 근처에 없으면 발정하지 않는다. 여기서 '발정한 암컷이 근처에 없으면'의 근처란 '같은 동네' 정도의 구역을 가리키므로 집안에서 암컷과 함께 키우지 않으니 발정하지 않을 거라고 안심해서는 안 된다.

일조시간이 길어지면 발정기가 찾아오는 고양이들은 2월~9월 동안 주어진 조건에 따라 2~3회가량 발정했다. 하지만 요즘에는 집안이나 동네가 인공광으로 밤에도 밝기 때문에 동절기에도 발정하는 등 2월 초순의 최대발정기를 비롯하여 최대 연 4회의 발정기가 있다고 보면 된다.

1회의 발정기는 약 1.5개월 정도 지속된다. 교미를 하고 수태한 암컷은 발정을 멈추고 임신기에 들어가지만, 수태하지 않은 암컷은 1주일 정도 후에는 일단 발정이 멎었다가 약 10일 후 다시 발정한다. 교미를 시키지 않으면 1.5개월의 발정기 동안 이것을 2~3회 반복한다.

계획적인 교배라면 생후 1년이 지나 임신시키는 것이 바람직하고 그 외에는 수의사와 상담하면서 중성화 시기를 결정한다. 새끼를 볼 생각이 없으면서 수술도 시키지 않고, 발정한 고양이에게 교미도 시키지 않는 것은 잔혹하기 짝이 없는 짓이다.

발정기 고양이의 행동

암컷

평소와 다른 목소리로 운다.

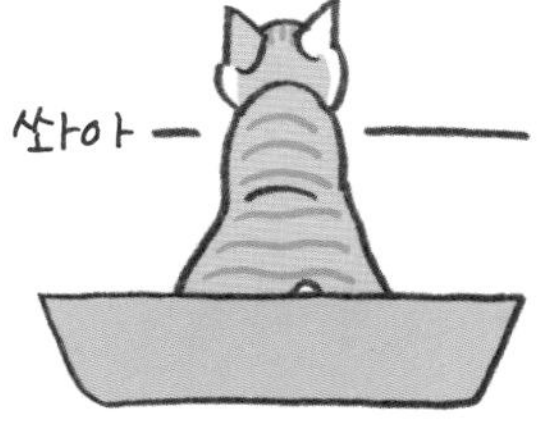

소변 횟수가 증가한다.

바닥에 누워 데굴데굴한다.
음부를 자주 핥는다.

꼬리 근처의 등을 만지면
엉덩이를 치켜든다.

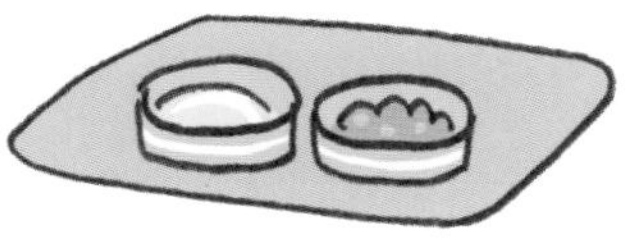

식욕이 없어진다.

수컷

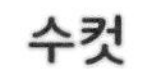

평소와 다른 목소리로 운다.

밖으로 나가려 한다.
공격적이 되기도 한다.

임신과 출산에 관하여

고양이는 교미에 자극을 받아 배란하기 때문에 높은 확률로 임신한다. 임신 기간은 약 2개월이고 3~5마리의 새끼고양이를 낳는다.

출산이 가까워오면 어미는 보금자리를 찾기 시작한다. 안전하게 출산할 수 있는 장소를 찾기 위해 온 집안을 돌아다니며 '음미'하는 듯 보일 것이다. 반려인은 상자나 바구니 등으로 보금자리를 준비해줘야 하는데 그것을 마음에 들어 하고 안 들어 하고는 고양이에게 달려 있다. 어미고양이는 본능적으로 숨을 수 있는 장소를 선호하므로 출산상자는 크게 만들어주는 것이 좋다.

고양이의 성격에 따라 출산시 혼자 낳고 싶어 하는 타입과 반려인이 옆에 있어주기를 바라는 타입이 있다. 야생성이 강한 고양이는 혼자 낳고 싶어 하고, 의존성이 강한 고양이는 불안해하며 반려인이 곁에 있어 주기 바란다. 내 고양이가 어느 쪽 타입인지는 실제로 출산이 시작되지 않으면 알 수 없으므로 출산 시 반려인은 반드시 집에 있도록 한다.

새끼가 나오면 어미는 새끼의 양막을 핥아서 벗겨주고 새끼는 자력으로 어미의 젖을 빤다. 태반이 배출되고 곧 다음 새끼가 태어나면 어미는 똑같은 과정을 다시 거친다. 새끼가 전부 태어나 모두 젖을 빨 때까지는 상당한 시간을 요하는데, 이변이 생기면 즉시 수의사에게 연락해 지시를 따르도록 한다.

갓 태어난 새끼는 눈도 보이지 않고 귀도 들리지 않는다. 새끼는 약 1개월 동안 보금자리 안에서 거의 잠만 자고 배설물은 어미가 거의 핥아 먹는다. 이때는 어미고양이만 밥을 먹기 위해 보금자리 밖으로 나온다.

새끼고양이의 성장

처음 약 1개월간 새끼는 보금자리 안에서 잔다. 모유를 주는 어미에게는 충분한 식사와 물이 필요하다.

새끼고양이는 1주일 정도 지나면 눈을 뜨는데 아직 잘 보이지는 않는다. 10일 전후면 귀가 들리기 시작한다.

생후 2주, 유치가 나기 시작한다. 생후 3주 정도부터 바깥 세계에 흥미를 갖기 시작한다.

생후 3~4주, 허리와 다리에 힘이 생겨 보금자리 밖으로 나온다. 이유식을 먹게 되고 새끼고양이들끼리 놀기 시작한다.

45 새끼를 낳게 하는 것이 옳은 일일까?

어미와 함께 사는 새끼고양이는 귀엽고 흥미진진하다. 하지만 새끼를 낳게 하는 것은 진지하게 생각할 문제이다. 잡종은 물론 순종 펫타입(캣쇼에 내보낼 수 없거나 번식용으로 적절하지 않은 것)도 그렇다.

누누이 말했듯이 고양이는 한 번의 출산으로 3~5마리의 새끼고양이를 낳는데, 전부 키울 수 없다면 낳게 해서는 안 된다. 다른 사람에게 분양하면 된다고 쉽게 생각할 수도 있지만 새 반려인을 찾는 것만큼 어렵고 힘든 일은 없다. 현실적으로 반려인을 찾는 새끼고양이는 무수히 많고 새끼고양이는 눈 깜짝할 사이에 성장한다. 생후 3~4개월이 지나 새끼고양이의 탈을 벗어버린 녀석들은 점점 더 입양처를 찾기 힘들어진다.

'새끼를 낳는 기쁨을 빼앗고 싶지 않다'든지 '한 번은 낳게 하고 싶다'는 것도 지나치게 안이한 발상이다. 태어난 새끼고양이 중에도 암컷이 있을 텐데 그 새끼에게도 '낳는 기쁨'을 준다면 순식간에 100마리가 넘을 것이다. 그 새끼고양이들을 정말로 키울 수 있을까? 어미와 새끼가 함께 있는 모습을 보고 싶다면 불쌍한 새끼고양이를 입양하면 된다. 혈연이란 인간사회의 가치관일 뿐 실제로 고양이는 남의 새끼라 해도 자기 새끼처럼 똑같이 보살필 것이다.

동물을 키운다는 것은 그들의 건강과 행동범위와 번식까지도 관리한다는 뜻이다. 그런 만큼 평생 인간사회 안에서 지켜줘야 한다는 사실을 잊지 않아야 한다. 그리고 고양이에게는 낳는 기쁨이라는 의식도 없거니와 반려인과 함께라면 새끼를 낳지 않아도 충분히 행복한 삶을 살 수 있다.

새끼고양이를 데려오는 방법도 있다

요상한 얼굴 사진관 part. 4
거-거기거기
쬐끔 덥구냐옹….
내 눈과 코는
어딜까냥?

내 고양이 행복한 노후를 위한 비결

이 장에서는 노령 고양이가 건강한 하루하루를 보낼 수 있도록
반려인이 고양이의 노화를 맞아 대처해가는 방법이나
노화에 따른 고양이의 심리변화,
그리고 사별을 앞두고 평온한 마음으로 간병하는 것까지를 소개한다.

46 고양이의 라이프사이클

캣푸드의 발달과 수의학의 향상, 집고양이의 증가 등으로 인해 고양이의 평균 수명은 예전에 비해 대폭 늘어났다. 3~5년이었던 수명은 현재 15년 전후이며, 20년 이상 사는 경우도 적지 않다.

그렇지만 인간의 수명에 비하면 고양이의 수명은 여전히 짧아서 고양이는 순식간에 성묘가 되고 순식간에 늙어간다. 가족 중 가장 어린 존재였던 고양이가 가족들을 차례차례 넘어서 늙어가고 어느새 가장 먼저 죽음을 맞이한다. 아직 활달하고 천진난만한 어린아이 같아 보여도 열 살이 넘으면 인생의 종반으로 치닫고 있다는 사실을 받아들여야 한다. 그래야 내 고양이가 건강하고 안정적인 노후를 보낼 수 있다.

고양이도 노년에는 병에 걸릴 확률이 높아진다. 그러니 항상 질병 신호를 놓치지 않도록 좀 더 신경 쓰고 걱정스러운 증상이 보이면 바로바로 동물병원에 상담한다. '왜 좀 더 빨리 데려오지 않았습니까?'라는 말을 듣고 후회하는 것보다 쓸데없는 기우로 끝나는 것이 낫다.

겉으로는 멀쩡해 보여도 늙은 고양이의 허리와 다리는 점점 약해지므로, 움직이기 쉽고 다치지 않도록 환경조성에 신경 써주어야 한다. 특히 하루의 대부분을 잠으로 보내는 고양이에게 쾌적한 잠자리는 매우 중요하다.

한편 반려인에게는 언제 찾아올지 모를 사별에 대한 각오가 필요하다. 임종 시 진심으로 '편하게 보내줄 수 있었다'라고 생각할 수 있도록 말이다. 그것이 우리 반려인의 역할일 것이다.

고양이의 일생

고양이의 유치가 돋아나기 시작하는 것은 생후 2~3주. 사람의 유치가 나기 시작하는 것은 생후 7~8개월.

고양이의 생후 2~3주는 사람의 생후 7~8개월에 해당.

고양이의 영구치는 생후 3~6개월이면 갖춰진다. 사람의 영구치가 갖춰지는 5~12세에 해당.

뭐든 먹을 수 있다!

고양이가 성적으로 성숙하는 생후 1년은 사람의 15~18세에 해당된다.

고양이의 2살은 사람의 24세에 해당. 이후 1년에 4살씩 더하면 된다. 이렇게 계산하면 고양이의 15세는 사람의 76세에 해당된다.

몸이나 행동에 보이는 고양이의 노화

고양이는 나이를 먹어도 얼굴이 늙는 게 아니므로 반려인은 고양이의 노화를 깨닫기 어렵지만 13~14세쯤 되면 노화 증상이 서서히 나타난다.

제일 먼저 드러나는 신호는 움직임이 별로 없고 자는 시간이 길어지는 것이다. 호기심도 약해지고 주변에 별 흥미를 보이지 않게 되며 밥 먹고 화장실 가는 시간 외에는 항상 잠을 자고 있다.

또 반려인이 집에 오면 현관까지 마중 나오던 고양이가 점점 나오지 않게 된다. 청력이 약해진 탓인데 현관 열리는 소리를 듣지 못하는 게 아닐까 싶다. 반려인이 방에 들어와도 잠만 자고 있다가 옆에 다가가 이름을 부르면 그제야 '냥?' 하고 고개를 든다. 이때는 청력뿐만 아니라 시력도 약해지는데 집안에서 생활하다 보니 느낄 기회가 거의 없을 것이다. 개와 달리 고양이는 노화에 의한 백내장에 걸리는 경우가 별로 없다.

옛날만큼 열심히 몸을 핥지 않는 등 그루밍의 빈도도 줄어들고 음식의 기호도 변해서 예전에는 먹지 않던 것을 먹고 싶어 하기도 한다. 밤중에 큰 소리로 울거나 화장실이 아닌 장소에서 실수하기도 한다.

이렇게 고양이에 따라 다양한 노화현상이 나타나므로 각각의 현상에 따라 반려인이 잘 대처하는 수밖에 없다. 손이 가는 일도 많고 지긋지긋하게 느껴질 수도 있지만 고양이는 지금까지 살던 대로 똑같이 하는 것뿐 반려인에 대한 의존심은 옛날과 마찬가지이다. 반려인의 애정을 요구하고 필요로 하는 것도 여전하다. 그것을 잊지 말고 간호한다는 생각으로 잘 보살펴주도록 한다.

나이를 먹은 고양이의 노화현상

거의 잠만 자고
마중도 나오지 않는다.

그루밍을 별로 하지 않게 된다.

음식의 기호가 바뀐다.

한밤중에 운다.
이유는 불명.

화장실 이외의 장소에서
실례를 한다.

47 노령묘의 건강관리에 신경 쓰자

캣푸드에는 자묘용, 수유용, 성장기용 외에도 7세 혹은 11세 이상용으로 표시된 것 등이 있다. 7세나 11세 이상용은 노령묘의 영양밸런스를 고려해 만들어졌으므로 각각 연령에 맞게 이용하면 된다.

사람의 음식은 고양이에게 염분이 지나치게 많아서 신장에 부담을 준다. 어릴 때는 캣푸드만 먹더니 갑자기 사람의 음식을 먹고 싶어 하는 고양이도 있지만 노령묘에게는 더욱 좋지 않으니 절대 주면 안 된다. 정 먹고 싶어 할 때는 고양이용 간식을 조금씩 주는 등 고양이의 마음을 딴 데로 돌리는 방법을 쓴다.

먹는 양은 크게 변하지 않았는데 마르는 것 같을 때는 일단 병원에 가도록 한다. 또 평소 화장실 상태를 관찰하는 것도 중요하다. 화장실에 가는데도 소변을 본 흔적이 없다든지, 반대로 물을 너무 자주 마시고 소변 횟수도 너무 잦다면 망설이지 말고 병원에 데려간다. 나이를 먹은 고양이는 방광염이나 신장염에 걸리기 쉽고, 치료는 빠를수록 좋다.

잠만 자고 있어도 하루에 한 번은 고양이를 안아주자. 단지 행동이 둔해졌을 뿐 '안아달라'고 조르며 다가오지는 않아도 안아주면 좋아할 것이다. 부드러운 스킨십과 대화는 노묘에게 행복한 시간을 준다. 부드럽게 몸을 쓰다듬다 보면 종궤 등의 이상 징조도 발견할 수 있다.

고양이는 단시간의 접촉으로 만족하고 잠자리로 돌아가 다시 잠들 것이다. 그것으로 충분하다. 그 작은 행동으로 내 고양이의 마음의 건강관리까지 가능하다.

고령묘를 위한 환경 만들기

높은 곳에 오르지 못하도록 한다. 뛰어내려오다 골절을 당하면 큰일이다. 넘어지는 것도 조심해야 한다.

겨울에는 따뜻한 장소, 여름에는 시원한 장소에 침대를 놓아준다. 당연히 조용히 잘 수 있는 장소여야 한다.

겨울밤에는 펫 전용 전기카펫 등을 사용하는 방법도 있다.

하루에 한 번은 스킨십 시간을 만든다. 고양이의 정신건강에 좋다.

화장실 트러블은 느긋한 마음으로

나이를 먹으면 위장도 약해져서 설사를 하거나 변비에 걸리기 쉽고 변비와 설사를 번갈아 반복하기도 한다. 지나치게 계속된다면 병원에 상담하는 것이 좋다.

화장실 이외의 장소에 실례를 하기도 하는데, 미처 화장실에 들어가기 전에 실수를 했다든지 체력적인 면에서 화장실에 가기 힘들어 실수하는 경우도 있다. 이때는 화장실 수를 늘리거나 턱이 낮은 화장실로 바꾸거나 펫시트로 바꾸는 등 방법을 모색하는 것도 중요하지만, 젊을 때의 화장실 트러블과 달리 어느 정도는 포기해야 한다. 특히 변비 끝의 배변에 관해서는 어디서 볼일을 보든 '응가를 해준 것만으로도 기쁘다'는 마음을 갖도록 하자.

화장실 트러블뿐만이 아니다. 식사 직후에 토하는 일도 많아져서 카펫이나 방바닥을 자주 더럽힌다. 겨우 청소가 끝났다 싶은데 다시 더럽히는 일이 반복되면 짜증이 나겠지만 야단만은 치지 않도록 한다. 못된 마음으로 심술을 부린 것이 아니라 어쩔 수 없는 노화 때문이다. 반려인인 내가 알아주지 않으면 누가 알아주겠는가?

신경을 곤두세우지 말고 차분한 마음으로 어떻게 하면 청소하기 쉬운지 고민하도록 한다. 고양이가 좋아하는 장소에 큰 매트 등을 깔아두고 자주 빨거나 평소 고양이가 있는 근처에 신문지를 놔두고 토할 것 같으면 신문지로 받아주는 것도 방법이다.

고양이의 임종은 언제 올지 알 수 없다. 만약 고양이를 혼낸 직후 떠나보내게 된다면 두고두고 후회할 것이다. 그렇게 생각한다면 대부분의 일들은 용서할 수 있지 않을까?

카펫이나 이불에 실례했을 때는

면적이 작으면 화장실 청소용 1회용 시트로 닦으면 편하다.

면적이 클 때는 티슈로 닦은 후 뜨거운 물을 뿌리고 마른 걸레로 물기를 닦는다.

냄새가 남아 있다면 소취제를.

신문지를 근처에 놔뒀다가 변을 보려 할 때나 토할 것 같을 때 재빨리 대주면 매우 편리.

48 심리치료도 중요! 다른 고양이와의 관계를 배려하자

단독생활자인 고양이는 성묘가 되면 기본적으로 혼자 살지만, 사람이 키우면 충분한 식량과 안전한 장소를 확보할 수 있어 여러 마리가 함께 살 수 있다. 그래서 새끼 때부터 함께 살아온 고양이들은 나이를 먹어도 형제 같은 관계를 유지하기도 한다.

하지만 단독생활자의 감각은 무리생활자의 감각과 근본적으로 다르다. 사람처럼 무리생활을 하는 개는 이해하기 쉽지만, 고양이는 이해하기 어려운 부분이 있다. 그런 기본적인 부분을 고려하지 않으면 고양이를 궁지에 몰아넣을 수도 있다.

언뜻 사이 좋아 보여도 실은 서로 무시하는 사이거나 싸우는 듯 늘 투닥거려도 실은 형제의식을 가진 사이도 있다. 그러니 고양이들의 관계를 잘 관찰하면서 노령의 고양이가 어떻게 느끼는지 이해하려는 노력이 필요하다. 사람과 마찬가지로 고양이도 나이를 먹으면 진심이 배어나온다.

사실은 혼자 있고 싶었던 고양이가 있는가 하면 서로 엉겨서 낮잠을 자고 싶었던 고양이도 있다. 나이를 먹은 고양이들은 옛날과 다른 관계를 구축하기도 하는데, 사람에게 어리광만 부렸던 고양이가 거리를 유지하려 하거나, 반대로 거리를 두었던 고양이가 사람에게 달라붙기도 한다.

어떤 변화가 있든 중요한 것은 고양이가 쾌적하게 지낼 수 있도록 해주는 것이다. 반려인이라면 고양이의 기분을 파악해 좋은 환경을 주고 싶어 하는 만큼 과거와는 전혀 다른 기준의 시행착오를 거칠 수밖에 없다.

고양이들의 관계를 배려하는 환경 만들기

혼자 있고 싶어 한다면 케이지를 준비해둔다.

함께 자고 싶어 한다면 큰 침대를 마련한다.

사람을 대하는 태도로 잘 관찰한다.

새로운 동료를 늘리는 것은 피한다. 적응하려면 피곤할 수도 있다.

입원이 좋을까? 자택치료가 좋을까?

어렸을 때와 달리 노쇠해지면 적응능력이 떨어지는 것도 인간과 똑같다. 그러니 병에 걸려 치료가 필요해지면 자택치료가 가능한지 수의사와 상담한다. 병원이라는 낯선 장소에 있다는 불안함이 치료 효과를 감소시킬 수도 있으니 가정에서 간호가 가능한 상황이라면 자택요양을 추천한다. 금전적인 부담은 커지겠지만 왕진을 의뢰하는 방법도 있다.

자택요양이 가장 필요한 경우는 '이제 얼마 남지 않았다'는 진단이 내려졌을 때일 것이다. 병원에서 임종을 맞게 해도 좋을지 마지막 순간을 집에서 보내주고 싶은지 잘 생각해보고 수의사와 상담한다. 의사는 전문가로서 적절한 의견을 제시할 것이다. 그리고 더 이상 도와줄 수도 없고 임종도 가까워지고 고양이가 몹시 고통스러워하는 상황이 된다면 어떻게 할지도 미리 생각해두자. 이것은 통증이나 고통에서 해방되어 편히 잠들게 해줄 수 있는 안락사의 선택에 관한 이야기이다.

안락사는 반려인이 꺼낼 사안은 아니다. 반려인은 수의사의 판단을 받아들여 충분한 대화를 나눈 후 결정해야 한다. 하지만 실행에 옮길 결단은 어디까지나 반려인의 몫이다. 그것이 반려인으로서 마지막 책임이자 애정이다.

안락사를 하게 된다면 마지막 순간은 반려인의 품안에서 떠나보내자. '차마 보기 힘든' 그 마음은 이해하지만 마지막 순간을 함께하는 것이 반려인의 본분이 아닐까 한다. 마지막 순간을 함께함으로써 고양이와 반려인과의 시간에 작별을 고하자. 고양이가 평생 행복하게 보냈다는 확신과 함께 고양이의 영혼을 천국까지 배웅해주는 것이다. 고양이도 분명 반려인의 품에서 영원히 잠들고 싶어 할 것이다.

집고양이의 대다수는 마지막에 병원 신세를 진다

입원시켜 임종을 맞을지, 집에서 떠나보내는 게 좋을지 잘 생각한 후 수의사에게 상담한다.

살아 있어봐야 괴롭기만 한 상태가 되면 안락사도 고려한다.

품속에서 보내주는 것이
내 고양이에겐
가장 위안이 될 것이다.

49 고양이의 장례 절차

고양이가 죽으면 장례절차를 생각해야 하는데, 방법은 ① 마당에 묻는다 ② 동물장의사에게 의뢰한다가 있다.

집에 마당이 있다면 거기에 묻어 무덤을 만들어주면 좋을 것이다. 항상 가까이 있다는 생각도 들고, 유체는 곧 흙으로 돌아가 식물이나 곤충의 생명으로 거듭난다. 그것은 지구의 일부가 되어 영원히 사는 일이기도 하다.

마당이 없는 경우는 동물장의사에 의뢰하면 되는데 그날 들어온 유체를 함께 화장하는 합동장이나 개별로 화장하는 개별장이 있다. 뼈를 가지고 올 수도 있고, 무덤을 만들 수도 있다. 각각 가격이 다르니 동물장의사에게 방법이나 가격을 알아보면 된다. 어떻게 결정하든 고양이가 노령에 접어들면 미리 생각해둘 문제이다.

애도방법은 다양하다. 돈을 들이지 않는다고 고양이의 영혼이 실망할 리는 없다. 사람마다 장례방식이 다르고 또 중요한 것은 애도하는 마음이다. 우리와 함께 살았던 고양이는 우리 가슴속에서 영원히 살아갈 테니 반려인의 마음이 모든 고양이의 무덤인 셈이다. 가끔 떠올리며 회상하는 것이 가장 좋은 애도방법일 것이다.

고양이의 장례방법

마당에 묻는다.

유체를 비닐에 싸는 것은 금물(흙으로 돌아갈 수 없게 된다). 수건 등으로 감싸 최소 50cm 깊이로 묻는다.

동물장의사에 맡긴다.

장례식도 가능하고 수목장도 가능하다.

재를 넣은 오르골이나 유골을 넣은 펜던트를 만드는 사람도 있다.

재를 화분에 넣어 심는 사람도 있다.

펫로스를 이겨내자

고양이가 죽으면 누구나 슬픔과 상실감에 빠지지만 대부분 곧 회복한다. 하지만 간혹 식사도 거르고 일도 못하는 등 일상생활 자체가 불가능해져 건강을 해치는 사람이 있다. 이 상태를 펫로스라고 하는데 회복하는 데 반 년 가까이 걸리는 것으로 알려져 있다. 반려동물과 사람과의 유대감이 강해지고 반려동물이 장수하게 된 것이 큰 요인 중 하나이다.

반려동물이 자식 같은 존재가 되었을 때 그 죽음은 큰 슬픔이 된다.

한 달이 넘도록 회복하지 못한다면 카운슬러에게 상담하고 힘들어도 꼭 극복하자. 자신의 죽음으로 반려인이 건강을 해치고 불행해진다면 고양이는 하늘나라에서도 마음이 편치 못할 것이다. 함께 사는 동안 행복했을 고양이는 자기가 없어도 반려인이 행복하기를 바랄 것이다. 고양이를 위해서라도 그들에게서 받은 행복을 간직하고 불행에 빠지지 않아야 한다.

그리고 슬픔에서 벗어나면 다른 고양이도 행복한 일생을 살 수 있게 돕는 것은 어떨까? 한 마리의 고양이와 온전히 함께하다 보내줄 수 있었다면 다른 고양이도 행복하게 해줄 수 있을 것이다. 그 능력을 많은 고양이를 위해 쓰는 것이다. 많은 불행한 고양이들이 행복한 삶을 살 수 있게 된다면 천국에 가 있는 내 고양이도 분명 기뻐할 것이다.

새 고양이를 키우면 죽은 고양이가 불쌍하다고?

절대 그렇지 않다! 새 고양이가 있어도 먼저 키웠던 고양이는 가슴에 남는 법.

오히려 또 한 마리의 고양이를 행복하게 해줄 수 있다

천국에 있는 고양이도 분명 그러기를 바랄 것이다.

50 지역고양이 활동으로 보답하자

새 고양이를 키우기에는 나이나 체력, 금전적으로 무리지만, 불쌍한 고양이를 위해 뭔가 하고 싶다면 지역고양이 활동에 눈을 돌리는 방법이 있다. 지역고양이 활동이란 지역 주민들의 양해하에 길고양이들에게 먹이 주는 방법을 정해 사람들에게 피해가 가지 않게 하고 중성화 수술을 시켜 1세대로 삶을 마치게 하는 것이다.

고양이를 좋아하든 싫어하든 길고양이가 없어지기 바란다면 '지역에서 보살피는 고양이'를 인정하는 것이 가장 좋은 방법이다. 매일 정해진 장소에 먹이를 주면 고양이가 쓰레기봉투를 뜯어 동네가 지저분해지는 일이 없어진다. 밥을 먹은 후 식기를 정리하고 변을 치우면 길이 더러워지지 않고, 중성화 수술을 시켜 개체수를 늘리지 않으면 언젠가 길고양이는 없어질 것이다. 전국 각지에서 많은 사람들이 자원봉사 활동을 하고 있고 최근 협력 단체도 증가 추세이다.

잘 모르겠다면 동네에서 길고양이에게 먹이를 주는 사람에게 물어보는 것이 빠르다. 지역고양이 활동을 함께할 수 있는 동료가 생기면 좋아할 것이다. 만약 그 사람이 먹이를 주기만 하고 아직 중성화 수술을 시키지 않았다면 어떻게든 수술시킬 방법을 함께 모색한다. 이른바 내가 고양이에게서 받은 사랑과 행복을 고양이 전체에 되돌려주는 것이다. '내 고양이의 행복'이 '고양이 전체의 행복'으로 확산되는 것이 그 목표인데, '내 고양이'는 그것을 알려주기 위해 나를 찾아온 천사였을지도 모른다.

지역고양이 활동

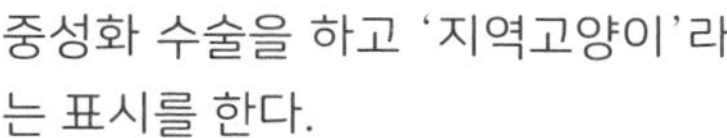

중성화 수술을 하고 '지역고양이'라는 표시를 한다.

매일 정해진 장소에서 밥을 준다. 먹은 후에는 정리한다. 배변청소를 하는 김에 다른 쓰레기도 청소한다.

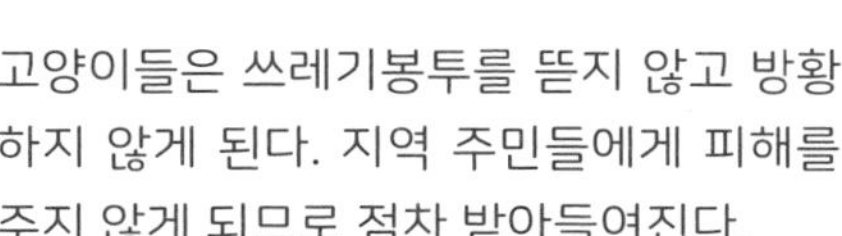

고양이들은 쓰레기봉투를 뜯지 않고 방황하지 않게 된다. 지역 주민들에게 피해를 주지 않게 되므로 점차 받아들여진다.